人工智能与电子信息技术应用研究

李厥瑾　王　菁　冯秀亭◎著

吉林科学技术出版社

图书在版编目（CIP）数据

人工智能与电子信息技术应用研究 / 李厥瑾，王菁，
冯秀亭著 . — 长春 : 吉林科学技术出版社，2023.10
ISBN 978-7-5744-0974-3

Ⅰ . ①人… Ⅱ . ①李… ②王… ③冯… Ⅲ . ①人工智
能－研究②电子信息－研究 Ⅳ . ① TP18 ② G203

中国国家版本馆 CIP 数据核字 (2023) 第 208103 号

人工智能与电子信息技术应用研究

著	李厥瑾　王　菁　冯秀亭
出 版 人	宛　霞
责任编辑	杨超然
封面设计	李宁宁
制　版	李宁宁
幅面尺寸	185mm×260mm
开　本	16
字　数	176 千字
印　张	9.5
印　数	1–1500 册
版　次	2023年10月第1版
印　次	2024年2月第1次印刷

出　版	吉林科学技术出版社
发　行	吉林科学技术出版社
地　址	长春市福祉大路5788号
邮　编	130118
发行部电话/传真	0431-81629529 81629530 81629531
	81629532 81629533 81629534
储运部电话	0431-86059116
编辑部电话	0431-81629518
印　刷	三河市嵩川印刷有限公司

书　号	ISBN 978-7-5744-0974-3
定　价	72.00元

前　言

　　人工智能极大地改变了我们的生活、学习、工作等方式，是现代化社会发展过程中的重要组成部分。将人工智能和电子信息技术有效结合可充分发挥两者的信息化、智能化优势，提升信息处理效率，增强各项数据处理的精准性，加强电子信息技术的精细化程度，实现科学技术的进一步优化。因此，在电子信息技术中运用人工智能时需根据各自特点选择相应的科技方式，强化两者的适应性，促进人工智能和电子信息技术的共同发展。

　　近几年，伴随着人工智能的发展和进步，被人们广泛应用的同时也获得了社会的大量关注。目前，在互联网技术和电子计算机加速发展的今天，人工智能和所产生的系统及产品使人们在认知上发生了很大的转变。本文将针对电子信息技术在人工智能中的应用进行分析和研究，提出相应的措施，在发展过程中提供参考的价值信息。

　　科学技术不断发展，在科技发展中人工智能属于最前沿的领域，同时也备受社会各界的高度重视和被利用。在人们的日常生活和工作中，人工智能的产品给人们带来了很大的转变，同时占据着十分重要的位置，使人们的生活质量不仅有所提高，在工作效率上也有所提升。为此，针对人工智能技术要进行研究并应用，使其更科学、更有效地为人类服务。

目　　录

第一章　人工智能与计算机应用

第一节　人工智能在计算机网络技术中的应用探究

人工智能技术给人类的日常生活带来了巨大的影响，从智能电视到智能手机，再到智能机械的发展技术。如此大规模的人工智能的运用，极大地改善了人们的工作效率和生活质量。人工智能在计算机和互联网技术中得到了广泛的发展和运用，而它的发展也与计算机技术息息相关。

一、人工智能概述

人工智能主要包括语言学、生理学、心理学等多种科学分支，通过多种技术，让计算机逐渐模拟人的视觉感知和思考，使机器最终具备人的能力和思考方式，最后利用这种智能化的机器来帮助人们处理工作和生活中的问题，这样不仅可以提升工作的效能，而且还可以在某些高风险的工作中应用人工智能技术来保护个人的人身安全。人工智能的发展离不开电脑和互联网的发展，而随着人工智能的发展，电脑将从纯粹的数据处理变成对信息的加工。人工智能可以有效地处理各种复杂的信息，准确地掌握整个局域的发展情况，及时反馈和理解系统中的各种资源，并利用人工智能进行技术和信息的分析，从而提升使用者和智能计算机之间的信息保护，人工智能所特有的互联网管理和众多代理的技术分布式的人工智能思想可以直接提高网络管理工作的效率和效益。人工智能具有对应的学习能力和推理能力，这种能力使人工智能技术在网络智能化领域中有着独有的优势。在储存数据时，形成一个信息库，最终形成一个完整的信息平台。所以运用人工智能可以使整个网络的经营水平得到全面的提升。

二、人工智能特点

随着互联网技术的飞速发展，在计算机和网络中形成了一种新的智能控制技术，即人工智能技术。在飞速发展的互联网环境中，人工智能技术具有许多优越性。随着人工智能技术的发展，为整个系统的正常运转，保证了系统的安全和稳定，极大地促进了对系统的使用。

利用 AI 技术对某些含糊不清的数据进行清晰化。通过对网络进行模糊处理，避免了传统的数学模式对程序的约束，从而实现与现实中的相似行为。通过对不确定的数据进行有效的管理，实现了对网络的快速发展；利用人工智能技术可以使网络分层管理，它包括多个层级，利用人工智能可以达到对下级的制约；上级对下级的监督以及上下之间的协同作用，从而形成一个协同的网络结构。由于其高度的灵活性与能力，各层级的数据能够合作，从而实现了网络的协调与兼容；人工智能具备极高的学习功能，就是通过对数据进行自动处理，然后在更高级的层面上进行解析，最后决定命令，并对整个系统进行管理和监视；在应用中，人工智能技术所消耗的资金相对较高，其维护也是比较高的。智能系统能够对数据进行分析，并对问题进行内部的处理，让使用者能够在很短的一段时间内获得所需的资料，并寻找到所需的答案，以此来达到所需的信息，实现对时间的管理。

三、计算机网络技术中人工智能的应用

人工智能具有突出的优点，能够使计算机网络技术得到迅速的发展。目前，人工智能在计算机网络中的应用非常广泛，主要通过以下九个方面来实现计算机网络技术在人工智能方面的应用。

（一）网络安全方面

智能识别技术，利用人工智能，对垃圾进行自动分析。一旦接收到垃圾邮件，人工智能就会进行分析，一旦目标的身份是敏感的，那么它就会立刻对其进行检测，并对其进行拦截，从而保证网络安全。目前，腾讯邮箱和网易云邮箱都采用了人工智能技术，取得了良好的应用效果。

风险信息的自动消除，模糊数据的处理是保障体系安全的核心。利用人工智能技术进行信息辨识，对不明确的数据进行模糊化。一旦发现了威胁，那么网络就会被入侵，然后被防火墙自动地识别出来，自动将其清除，保护网络的安全不受任何的"侵犯"，像是金山毒霸、360 安全卫士这样的反病毒程序，能够分析网络上的入侵数据，然后利用人工智能对入侵的技术进行详细的分析、分类和筛选，再通过程序来进行分析和筛选，这样才能够更好地保护网络的安全。

总之，针对网络技术中可能出现的安全隐患，可以通过运用 AI 技术来处理。

（二）智能防火墙

由于传统的防火墙对 SSL 流进行了不可读的加密，使得计算机入侵程序的入侵方式很难被攻破，即使是经过了密码处理，也很容易被入侵，这就给文件系统的安全性带来极大的隐患。智能防火墙将统计、决策等智能算法运用于数据鉴

别，可以有效抑制外部探头进入数据库的网络，提高了文件库的网络特性，通过智能防火墙将代理和过滤技术的结合，不但可以有效克服常规防火墙的安全问题，还可以覆盖数据链路级到整个应用层面，从而达到全方位的安全管理，很显然，在使用了人工智能之后，文件用户端部署工作量大大减少，数据加密、解密等均可以在防火墙拦截过程中实现，虚拟网 VPN 得到强有力的支持，在智能防火墙的作用下，文件内部信息被彻底屏蔽，代理服务的作用更为突出，在智能防火墙的帮助下，文件的安全性能得到了极大的提高。

（三）人工智能 Agent 技术的应用

人工智能 Agent 技术，又叫 Artificial Intelligence Agent，是一种非常高级的技术。人工智能 Agent 技术的出现，让网络的层次得到了极大的提高，想要使用这项技术，就必须要有知识域库、解释推理机等多个机体来支持。利用一个先进的体系来储存和处理信息。通过对周围的情况进行分析推理，在代理完成工作的情况下，通过公共通信网络与 Agent 进行通信，完成相应的工作。

人工智能 Agent 技术可以按照使用者的实际需求，选择合适的信息，并将其送到特定的地点。自人工智能 Agent 技术出现后，用户的个性化和人性化服务变得更加容易。该技术可以将用户需要的资料进行筛选，将所需要的资料传送给用户，从而大大提高了资料的分类工作效率。除此之外，这项人工智能技术还会自动地将所有的知识都收集起来，再利用人工智能技术，让用户可以获得更好的导航。

除了以上功能之外，Agent 技术还可以为用户提供更多的便利，比如提醒用户行程、购物等。它还具备自主性和学习性等特点。它能为使用者自动传递资讯，推动资讯科技的发展与进步。

（四）网络管理方面

人工智能技术不但可以进一步提高电脑的安全性，还可以整合电脑网络。随着现代科技的飞速发展，电脑网络也受到了极大的冲击，呈现出了明显的动态特性，这让管理变得更加困难，而人工智能中的智能技术，不但包含了各个领域的专家及其工作经历，还可以帮助他们处理相应的问题。在人工智能技术的推动下，网络的运行效率和人的工作效率得到了极大的提高。人工智能在网络管理方面还包括对网络大环境的整改，网络大环境随着时代的发展逐渐变得多样化，不良信息和资源信息混杂在一起难以分辨。而人工智能可以通过人的思维模式辨析其中的环境，从而对网络大环境进行辨析和整理，调整网络环境，为人类使用网络提供便捷、安全的环境。

（五）智能入侵检测系统方面

入侵检测技术是一种主动的安全管理方法，它可以防止危险的产生，对各种类型的数据进行收集，并利用检测器来判定各种类型的数据中有没有被侵入，从而发出警报，由控制台根据监控的数据来制定相应的控制策略。在智能入侵检测系统的使用上，它将基于规则生成的专家系统、基于神经网络的入侵检测与数据挖掘技术相融合，不但可以检测出使用者在信息系统中存在的威胁，还可以通过计算机的记忆、学习、适应性等特点来检测各种未知的病毒和危害，从而有效降低计算机病毒的危害。

（六）数据挖掘技术

此技术的主要作用是通过审核软件准确、全面提取和描述网络的特征，并将其用于分析和记住入侵的规律，并记住其行为规律，准确判断出入侵的存在，从而准确地判断出入侵的位置，提升用户的使用安全。数据挖掘技术是利用人工智能 Agent 技术在网络大环境中对高价值、需求量高的信息进行分析和挖掘，是智能机械利用人的思维模式实现互联网信息资源的再利用。

（七）自治 AGENT 技术

该技术在学习、适应、自主、灵活性和兼容性等各方面表现出色，因此该技术不但可以侦测到侵入者的存在，还可以对其进行有效的控制，在使用时对环境的依赖程度很小，具有广泛的应用价值。它是主要基于 Agent 技术的入侵检测的框架之上建立灵活的 IDS 系统，从而实现对网络环境的监控和管理。

（八）数据融合技术

这种技术是基于人们对自己的信息处理能力的持续模拟，它的基本原则是通过对数据组合来获得更多的信息，从而达到提高整体的性能，从而削弱单个传感器的探测范围，使得入侵检测的全面性更加有保障，此项技术如果与其他人工智能结合应用，检测的效果会更加理想。人工智能数据融合技术采取"以数据为基础"的融合模式，将互联网环境下的数据资源进行整合和融合，实现数据资源的再利用，从而提高人工智能技术水平。

（九）教学方面

目前，国家正在全力推动新的课程，现代的教育与电脑技术已经结合，利用电脑网络技术，可以极大地提高教学品质，在电脑网络系统中引入人工智能技术并应用于教育教学领域，改变了传统的授课模式和教学内容，在部分高校内也通过人工智能模拟实训过程和招聘问答，从而提高了毕业生的就业率，增加了高校的能力。智能技术中的核心就是知识库，在知识库中定义了知识，在老师讲课的时候，可以对知识库中的知识进行推理，从而得到正确的答案。就教育教学而言，它既是一种创新，也是一种突破。

人工智能技术在教学方面的应用是结合时代的发展、学生的需要和教师的选择，利用人工智能实现学生成绩的分析和教师教学质量的评比，在减少教学成本的同时提升教学服务质量。同样，人工智能技术在保障学生学习质量的同时还可以为学生提供"一对一教学""一对一试卷"等教学服务，保障学生的个体差异化，人工智能在教学方面的应用还有很大的提升空间。

从以上的研究结果可以看出，当前人类已经认识到了人工智能的优越性，并且自觉地将其运用到了计算机互联网技术中，对于提高计算机的技术水平有着重要意义，因此应该结合现实进行深入和完善，这就是电脑网络技术深入发展的具体表现形式。

第二节　计算机网络中的人工智能技术

随着智能设备和计算机的快速普及，互联网的发展极为迅速，无时无刻不在改变着人们的衣食住行，微信和支付宝成为了人们手机中的必备软件，人们出行也不再随身携带现金，只需要随身携带手机即可。互联网的发展为人们的生活提供了巨大的方便。而计算机网络技术的发展更是方便了我们的生活和工作，新冠疫情发生以来，涌现出了一批以人工智能为代表的新兴产业，人工智能也被应用在社会生产的方方面面。

一、研究背景

随着我国经济转型升级的推动，人工智能以及物联网等新兴技术得到了广泛的运用，尤其是新冠疫情以来，涌现出了一批以人工智能为代表的新兴产业，并且在抗击疫情的过程中做出了卓越的贡献，加快了疫情过后我国复工复产的进程。在新基建的大力支持下，人工智能产业市场开阔，适应社会进步的需求。

5G 技术出现以后，人工智能技术与其相融合，为企业智能化转型提供了基础，甚至可以使用人工智能技术的多种终端数据进行处理，做到根据实时情况进行数据分析，推动自动化水平的发展。从全国范围来看，我国的 5G 发展已经进全面加速的阶段，基站的建设超过了预期的数量，根据工信部的数据资料显示，5G 基站在我国的建设进度已经在 2020 年 6 月底就达到了 40 多万座的总数，并且中国移动也将 2020 年的基站建设目标上调至 30 万座，在年底之前实现让所有的地级以上的城市可以享受 5G 服务。5G 时代的到来为人工智能的发展提供了

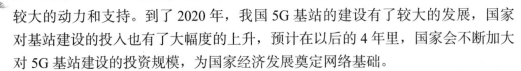

较大的动力和支持。到了 2020 年，我国 5G 基站的建设有了较大的发展，国家对基站建设的投入也有了大幅度的上升，预计在以后的 4 年里，国家会不断加大对 5G 基站建设的投资规模，为国家经济发展奠定网络基础。

二、关于人工智能技术

人工智能技术，也是我们常说的"AI"技术。人工智能技术被应用于模拟和拓展人类智慧的结晶，模糊系统、专家数据库以及神经网络系统是人工智能的核心系统。人工智能技术可以模仿人类大脑里面的神经网络对问题进行处理，帮助人们处理难以完成的任务。因此在社会的发展中，人工智能具有较大的发展空间。

新时代下，人工智能已经有了初步的发展，并且可以用其进行数据和推理分析，并且在成熟的计算机网络技术的支持下，人工智能将会得到更好的发展。将人工智能运用在计算机网络中，可以解决计算机在新时代发展中遇到的阻碍，为计算机技术的发展指引新的方向。

三、计算机网络技术发展中存在的问题

现在我们处于一个信息化的新时代，在这样的大环境下，计算机网络技术使我们的生活方式发生了巨大的改变。尽管计算机网络技术为我们带来了舒适与享受，但是我们也不能放松信息化时代对信息安全的保护。不管是在生活还是工作中，我们都乐于从互联网上搜集资料，但是有无数的案例告诉我们，网络安全风险是所有国家面临的共同难题。随着 5G 技术的全面发展，计算机网络在各行各业中的应用越发广泛，因此封闭的业务系统将变得更加开放，企业间的信息安全将会存在一定的风险和安全隐患，因此在推动新基站发展的同时不能忽视对网络安全的管理。

另外，计算机网络技术的发展也需要新的方向，对于较为成熟的计算机网络技术来说，它可以为我们解决很多问题，但是它仍然需要在人类的操控下才能完成任务，它只是我们的一种工具。如果没有将智能化技术应用在其中，计算机网络的运作就很难实现自动化。因此为了使计算机网络技术可以为人类提供更好更省心的服务，就需要将人工智能运用在其中，提高计算机网络技术的自主运作水平。

四、人工智能在计算机网络技术中的应用

（一）在维护网络安全方面

维护网络安全是计算机网络发展中的一个核心方面，针对这一方面，人工智能的运用可以帮助计算机对网络进行智能检测和识别，从而提高网络的安全性，保护信息资料不被泄露，具体表现为以下 3 点。

1. 智能监测

目前人工智能已经被恶意流量检测、软件漏洞挖掘、恶意代码检测以及威胁情报收集等网络安全领域广泛使用。

智能化应用在恶意代码检测方面体现为人工智能可以根据恶意程序的系统 CPU 利用率、收发的数据包以及 API 调用序列等信息进行自动识别，从而分析出恶意程序的基本特征，根据特征将恶意程序进行分类。该智能的监测方式可以大大提高计算机网络的安全性，为人类的数据信息安全提供保障。与传统的静态计算机网络监测模式相比，人工智能技术的运用可以大大提高计算机网络对病毒识别的成功率，从而准确地拦截会对计算机或者是网络造成损害的程序，提高计算机网络的安全性。

智能化应用在软件漏洞挖掘方面体现为计算机网络技术可以使用人工智能技术，将软件中存在的漏洞根据相关的经验和知识提取出来，将其使用在模型训练中，最后将训练好的模型应用在计算机网络中，提高计算机网络对漏洞的挖掘水平。该技术主要的应用场景有源代码漏洞点预测以及漏洞程序筛选等。

计算机网络安全是现在人们关注的热点之一，因此提高网络的安全性是维护人类正常生活的必要手段，人工智能的出现可以很好地帮助计算机网络实现智能监测，保护计算机网络的安全。人工智能在网络安全领域的应用也是也越来越成熟，智能监测的效果也会越来越好。

人工智能技术会使用人工神经网络技术对入侵行为和病毒等进行监测。专家系统技术的运用可以帮助制定安全规划以及安全运行中心的管理等。

除此之外，人工智能技术在网络诈骗预防方面也有着一定的作用，将人工智能运用在技术监测拦截方面，调整模型策略，阻断诈骗信息的传播。也就是联合电信运营商对疑似诈骗电话以及诈骗短信实施中断拦截，对使用互联网进行诈骗信息传播的程序或者是网址实施中断和拦截。从源头上阻断诈骗信息的传播，从而提高网络的安全性。

2. 利用人工智能技术改善防火墙

使用人工智能技术改善过后的防火墙与传统的防火墙相比，它可以提升计算机网络的安全等级。智能防火墙可以使用人工智能技术对病毒的信息和数据进行收集，从而记录在专家数据库中，因此在智能防火墙工作时，可以使用专家数据库的信息对病毒进行自动识别和过滤，阻断非法病毒进入计算机网络。并且人工智能技术的运用还可以模拟非法病毒攻击网络的方式，从中找出能够有效防止病毒进入计算机网络的对策，并将这些对策存入专家数据库，如果计算机网络遭到该类病毒的攻击，智能防火墙就可以根据专家数据库中的数据信息对策进行阻拦和隔离。从源头上防止病毒进入计算机网络，从而提高计算机网络的安全等级。

3. 人工智能技术还具备节约成本的功能

将人工智能应用在计算机网络中，可以第一时间对恶意程序以及病毒进行识别，并在识别之后立即给出相应的预防对策和拦截措施，并且人工智能技术可以直接从原始数据开展筛选，从庞大的数据库中提取信息，自动完成信息的提取和归类。因此人工智能技术的优势不仅在于可以提高计算机网络的安全性，还提高了计算机网络的运行速度和工作效率。传统的计算机网络安全维护全都需要依靠计算机网络工作人员进行代码编辑和提取相关信息和特征，但是人工智能网络技术可以自动对恶意程序等相关信息和特征进行提取，存入专家数据库中，当遇到相同或者是类似的特征，就可以直接从专家数据库中给出解决方法。不仅节约了计算机网络维护等的成本支出，还提高了计算机的安全等级，为我们的数据信息安全提供保障。

（二）云计算方面

云计算是人工智能技术在计算机网络中应用比较重要的部分。2014 年至今，云计算在我国得到了较大的发展。云计算将大量独立的计算单元连接起来，提供可扩展的高性能计算能力。其主要特点包括资源虚拟化、使用可计费以及服务按需化等。云计算主要由数据存取处理、资源分配共享、系统安全保障和服务灵活应用等 4 个功能区组成。

（三）在问题求解方面

人工智能技术是计算机技术在满足社会需求的同时衍生的一种新兴科学技术，因此人工智能技术占计算机技术中的很大比重，其中比较重要的一个功能便是问题求解。人工智能技术可以模仿人类的大脑里面的神经网络对问题进行处理，凭借着强大的专家数据库以及处理功能，将复杂的问题进行分析之后做出简单的总结，并对该问题进行逐一求解。再根据得出的问题解决方案使用对比分析的方法，找出最有效的方法提供给使用者。传统的计算机网络功能根本无法做到该功能，因为传统计算机网络技术没有专家数据库以及神经网络系统，无法将问题简单化，也无法对方案进行对比。如今，人工智能已经被应用在 AI 识别、智能语音以及智能决策等方面，这些智能服务的出现改善了用户的使用体验，也为计算机网络技术的发展提供了新的方向。

（四）在计算机网络管理方面

人工智能不仅对计算机网络的安全可以起到维护作用。在计算机网络的管理方面也有着不容忽视的存在意义。

1. 实现系统自主管理

人工智能技术拥有神经网络系统以及专家数据库等，可以通过使用这些系统功能实现计算机网络的系统自主管理。专家数据库中具有从庞大的数据中提取出来的经验和知识，在遇到相关问题时可以将其中的数据信息提取出来使用，并且人工智能还会在给出方案之前将多种方案进行对比分析，最后给出最优的方案。因此将该技术应用在计算机网络管理中，就可以自动给出最优的计算机管理模式，并根据动态变化的过程进行调整。在实际运行的过程中，专家系统还会加入一些提高计算机网络管理效率的方案，提高计算机网络管理的质量。

在实现系统自主管理的过程中，对病毒的监控和预防也十分重要。一般情况下，人们很少会注意电脑是否存在病毒，也不会了解防火墙阻拦了多少恶意攻击。因此在实现计算网络管理系统自主管理的过程中，人工智能技术还会加入智能监测和智能防火墙的功能。因为在系统自主管理实现以后，人们对计算机网络的关注会更少，所以为了保证信息的安全，智能监测和智能防火墙也是不可或缺的。

2. 形成代理管理

人工智能技术经过较长时间的发展，衍生出了一种代理管理的管理模式。该模式的存在形式主要是将网络作为发展的平台，融合各种数据和信息，将融合后的信息存入数据库，以便遇到同种问题时可以直接从信息库中寻找信息，最终将管理问题快速解决。一般情况下，代理管理模式可以实现个性化智能服务，代理管理模式会将所得的数据进行分析后以信息的形式输出到指定的位置。用户在获得所需要的信息时，为避免用户在需要时再进行搜索和分析，直接将代理管理得出的信息输出到客户需要信息的地方，节约了时间成本。人工智能技术的存在意义不仅在于计算机网络方面，它的出现还满足了现在人们对计算机网络的需求，还有 5G 的发展和新基建的推动，人工智能不仅是应计算机的发展需求产生的，它更是为了满足社会发展的需要而产生的。

在新时代下，人工智能的出现也是基于社会发展的需求，它的出现为人们的生活和工作带来了极大的便利。并且在新基建的推动下，人工智能的运用将会融入各行各业，尤其是在新冠疫情结束之后，人工智能带动了我国各行各业复工复产的进程。人工智能是计算机技术发展下的产物，但是它的存在不仅有利于计算机网络技术的发展，各行各业都有着它的身影，为满足人们日益变化的需求，人工智能技术将被运用在各个领域中。

第三节　计算机人工智能识别技术及运用

计算机人工智能识别技术可以在计算机现有的功能基础上，对人类思维和意识进行模拟，与其他计算机技术相比，其在实际应用的中优势更大，存在非常大的发展空间。总结已经得到研究成果，确定人工智能识别技术类型，且保证其能够顺利在各个领域实现，真正达到高效应用，推动整个生产生活效率的提高。

一、计算机人工智能识别技术特点

人工智能识别技术使用识别装置，能够对物品信息进行自动收集和识别，并将所得信息传输给计算机系统，经过分析处理后，开发类似人类智能反应。现在应用最为广泛的如条形扫码器，扫描商品的条形码后，便可以得到其对应的名称与价格等信息，然后输入数量对应信息，系统便可以完成商品总价的计算。计算机人工智能识别技术具有非常高的自动化、高度智能化和科学化特点，通过研究人类思维过程方式为基础，实现其从抽象到具体的建模，最终成为能够准确描述的物理信号，可以进行识别、判断和模拟，最后由计算机程序将结果表达出来。对于人工智能识别技术来讲，对其的研究应用范围非常广，相比单纯的计算机技术，可以为生产生活提供更精准和高效的服务，符合人们的实际需求。

二、计算机人工智能识别技术应用

（一）机器人领域应用

机器人研究技术越来越成熟，产品设计基础功能也更为完善，现在已经得到了较为广泛的应用，取得了一定成效。例如外科手术中机器人技术的应用，在降低医生工作强度的同时，提高手术精准度与安全性。机器人人工智能识别技术的应用，可以进一步减少组织成本性资金的投入，并且还能够可靠预防和规避组织内外部风险，应用优势明显。

（二）语音识别领域应用

语音识别技术的应用，实现了机器人在一定程度上理解人类的语言，并在此基础上来进行交互，提高日常应用综合效果。语音识别技术现在已经得到了广泛的应用，尤其是近年来人工智能识别技术不断更新，促进了语音识别技术的快速发展，研究生产出更多语音识别技术芯片，不仅仅是识别，更是能够产生交互行为。

（三）神经网络领域应用

将人工智能识别技术应用到神经网络领域，即批量处理单元相互交织而形成的一种特殊网络形态，其与人脑基本功能相似，可以实现基于人脑的抽象活动具体化、简单化和模拟化。即对人脑活动指令进行模拟和效仿，并且在此过程中积累经验，得到进一步启发，最终可以实现处理批量单元信息。虽然人工神经网络与人脑还存在非常大的差异，无法完全发挥出与之相同的功能，但是与人工智能识别技术相结合，却可以更有效的实现对事件的自动化与智能化处理，提高信息处理的综合效率，使得时间问题的解决能力更强。

三、计算机人工智能识别技术研究趋势

（一）人工智能识别技术分类

1.无生命识别技术

现在所应用的无生命识别技术如条形码、射频和智能卡等方式，相互间具有本质上的差别。条形码识别可分为一维码与二维码两种，其中二维码包含的信息更多，信息密度以及纠错能力更强，可满足重要信息收集和识别，现在已经得到了广泛的应用。射频识别及通过非接触方式对符号自动识别得到相应信息，其应用的为无线电磁波原理，利用无线信号和电磁场不仅可以获取信息，同时还能够做到跟踪，相比二维码识别技术优势更大。智能卡识别通过存储集成电路卡信息，以及独立运算，可实现与计算机系统的可靠联合，达到高效收集、传输和加密信息的效果，例如在身份和车辆方面的识别。

2.有生命识别技术

可选择应用的有生命识别技术如声音识别、人脸识别和指纹识别等，主要针对的方向不同，声音识别为非触摸式，主要是针对声音特征的识别，即声音音质、音调、音频等，掌握声音特点后进行分析处理，完成信息识别，指纹识别主要是利用不同人的指纹之间的特征差异来进行识别；人脸识别则需要确定人脸视觉特征信息，完成相关识别。相比来讲，声音识别无需应用到眼睛与手，实际应用上便利性更高。而同时人脸识却可以自动追踪人脸的视觉特征，通过调节影响曝光度与放大等操作完成生物特征的识别。

（二）人工智能识别技术不足

虽然现在已经有多种人工智能识别技术得到了广泛应用，但是在取得成效的同时，技术层面上还存在一定缺陷。例如声音识别系统，可识别的语言种类限制性较强，目前主要应用于普通话，一旦遇到地方口音或发音不标准的情况，系统将无法准确识别，应用效果急剧降低。并且麦克风和信道的差异，也会对识别结

果的准确性产生影响，尤其是噪音混乱的环境，声音特征提取质量较差，增大了识别难度。而即便是正常使用情况下，因为人声音的变化，声波产生差异，系统也无法可靠识别。如果遇到模仿声音的情况，还会引发安全问题。同时，对于应用广泛的人脸识别技术，数据库难以涵盖所有的人脸表情特征，受数据限制，识别效果无法保证。随着年龄增长，人脸特征也会产生一定程度的改变，也是降低识别效果的因素之一。人脸识别技术其主要依靠的是视觉特征，无法排除人脸相似性的因素，再加上光线干扰，也会增大识别错误率。因此，还需要在总结以往经验的基础上，对人工智能识别技术进行更为深入的研究，在消除所存缺陷的同时，进一步提高技术综合水平。

计算机人工智能识别技术对改善生产生活状态具有非常强的推动效果，基于现有的研究成果，从技术角度来不断进行总结和完善，确保能够不断提高技术应用效果。

第四节　计算机网络与人工智能的技术融合

随着现代科技的快速发展，人工智能技术得到大范围的普及使用，且成为时代发展的一大必然趋势，能够在很大程度上推动各行业领域的创新发展。与此同时，将人工智能技术与计算机网络技术有效结合，具备较强的技术应用优势，可以加快计算机网络技术的革新速度，进一步为社会大众日常生活及工作提供极大的便利。并且人工智能技术可以通过计算机网络技术模拟人类的思维意识，替代人工操作流程，使信息技术转化为更高的生产力。此外，人工智能可以利用自身信息编辑及处理能力，与计算机网络技术之间相融合连接，确保两者的协调性。由此可见，为了全面提高计算机网络技术与人工智能技术的融合应用效果，本文围绕"计算机网络技术与人工智能技术的融合应用"进行分析研究具有重要的意义。

一、人工智能技术的概念及特征分析

（一）概念

人工智能技术主要通过模拟人类意识及思维信息的方法，对人类思考方式及行为模式进行深入研发，其本质为技术手段、理论方法及运用体系。与此同时，人工智能可划分为：人工、智能两个系统。其中，智能如同人类自身智能体系，主张使用计算机模拟人类的思维方式，深入分析人类的思维活动及规律，组织拥有人类思维的人工体系，或运用计算机硬件模拟人类智能的一种技术方法。由此可见，人工智能技术综合了多门学科，包括：生理学、语言学、心理学及计算机

学，适用范围相对广泛，可替代人工完成各种高危作业，对全面提升工作效果具有显著价值作用，并且能够为人身及财产安全提供强有力的保障。

（二）特征

人工智能，是以计算机网络技术为基础，进而演变发展形成的一类新型科学技术，具有加工处理不明确信息的功能，即：利用网络模糊分析法，打破传统程序的限制及局限，模拟人类的智能活动，处理不明确的信息数据。并且，还可以对全部资源或局部资源进行追踪分析，再向用户提供有效信息。与此同时，运用人工智能技术，能够在很大程度上提高网络信息的处理效果，充分发挥记忆功能的作用，完善相关信息内容，进一步达到完整保存信息数据的要求。此外，人工智能的数据库相对庞大，在与计算机网络技术有效融合的基础上，能突出技术应用优势，提高作业成效，尤其是人工智能技术自身具备较强的学习能力，可以优化整合资源，全面提高信息应用效果。

二、人工智能技术与计算机网络技术融合的必要性分析

人工智能技术具有高速性、及时性、瞬变性等鲜明特点，为了保证计算机网络技术向高效化、稳定性的方向转变，需提升技术的灵敏性、多样性，充分发挥人工智能技术的作用，向计算机网络技术提供更为优质的服务。值得注意的是，在计算机具体运营期间，不可避免地会受到各种外来病毒入侵影响，导致整体系统发生瘫痪或出现一系列问题，而应用人工智能技术能有效处理上述问题，采取相应的预防措施，分析问题发生的原因，总结归纳工作经验，其问题处理效果远优于人工手动处理效果。此外，人工智能中模糊概念计算方法是启发知识及实现语言决定规律的前提条件。并且，模糊概念计算方法能控制模拟人工的方法及流程，极大程度上提升了系统适应力，促使其具备智能化水平，使不明确或者无法预知的能力得到有效处理。过去网络管理中仅仅停留于了解系统中部分信息的阶段，对于内部系统的了解程度有待提升，而人工智能模糊逻辑能及时管理及处理网络中不明确的信息，强化管控不明确或不可知信息的能力。由于网络技术的迅猛发展，网络用户数量呈逐年递增趋势，促使网络结构日渐复杂，各个行业及各个领域以人工智能技术为辅助，能满足有效监测下层管理人员的要求。此外，人工智能技术能利用多代理的合作分布思想，高效处理合作困难方面的问题。结合上述分析不难发现，人工智能技术与计算机网络技术融合非常有必要，既能发挥人工智能技术的应用价值，又能够使计算机网络技术在各行业领域的作用得到充分有效的体现。

三、人工智能技术与计算机网络技术融合应用的具体要点分析

如前所述，读者已对人工智能技术的概念、特征及与计算机网络技术融合的

必要性均具备了一定的了解程度。而从人工智能技术与计算机网络技术融合应用效果提升的角度考虑，还需把控具体应用要点。总结起来，具体应用要点如下。

（一）网络信息安全应用

当下计算机网络技术安全管理的技术手段相对多样且覆盖范围较广，包括防火墙、反垃圾邮件体系及检测入侵体系等，尤其是反垃圾体系及防火墙，是影响较大的技术手段。按体系类型，常用的检测入侵体系可划分为专家系统规范产生式、神经网络及挖掘数据技术。其中，专家系统规范产生式属于人工智能技术的典型代表，被广泛应用于计算机网络系统之中，可依托专家经验及推理公式，建设相应的数据库。具体说来，其作业原理为立足于已知的经验进行数据编码，促使其满足固定不变的规范，再将上述规范作为数据库的主要组成部分，借鉴传统经验为计算机网络系统检测提供有效的判定依据，从而提高系统检测的准确度。

神经网络不同于其他体系，建立此类人工智能往往需要通过学习人脑技能逐渐向实际生活运用操作过渡，并且此类神经网络的学习能力较强，具有兼容性好等鲜明特点，能明确识别各种不同输入法，尤其是畸变及噪声等输入法，甚至应用于计算机网络技术中二者能协同发生作用，为计算机系统稳定高效运转提供强有力的支持。挖掘数据技术普遍以原有的审计程序为基础，促使原有的网络连接及主机绘画特性得到有效衔接，而充分运用人工智能中的挖掘数据技术，能有效捕捉入侵模式相关规范及计算机系统始终处于顺利运行状态的轮廓模式。由此可见，数据挖掘期间发生信息警报的情况则可有效识别或及时检测有害入侵。

（二）数据收集应用

计算机网络技术与人衔接运用人工智能技术，能有效将人工智能技术与人相结合，大大提高了人工智能技术运用的有效性。检测入侵技术能深层分析及检测网络数据，为广大用户提供相应的分析结果，便于用户直观了解其可行性及可用性。同时，人工智能技术中的 Agent 技术是系统自带的软件，能遵循各类数据库满足数据间通信的要求，确保代理任务得以高效完成。此外，大众日常生活中大力推广 Agent 技术，能满足利用计算机网络技术完成各项工作任务的要求，例如：发送邮件及安排会议流程等，大大提高了生活服务的质量，从而向广大用户提供高质量的网络系统服务。

（三）硬件优化应用

人工智能技术与计算机硬件系统间结合运用，能助推计算机网络实现高效发展的目标。具体说来，不得脱离计算机硬件配套设备的支持，以硬件配套设备为依托，融入已完成优化的计算机硬件及软件，能确保计算机技术等级得到大幅度提升。由此可见，进入大数据时代以后，计算机技术步入飞速发展阶段，其硬件设备设施势必需要得以升级优化，否则难以保证具体运用期间计算机网络技术的优势完全发挥。同时，人工智能技术除能优化计算机网络外，灵活运用人工智能技术能简化具体工作流程，尤其是对于企业职工来说，其作业量及作业难度出现明显下降。

（四）网络信息资源应用

由于人工智能技术的迅猛发展，涌现出各种载体、各种形式的海量信息数据，例如：文字、图片、音频及视频等，而如何将上述海量信息予以有效整合，向用户提供高质量的服务，成为人工智能技术应用期间的巨大挑战。同时，资源整合的作用突出，能满足各类信息有效分类的要求，大大提高信息管理的效率，有利于信息管理模式的变更升级。此外，信息资源整合期间，运用人工智能技术，能结合普通话、智能学习及识别等多项技术手段，实现统一整合信息资源的目标，甚至可开展分类管理，这说明人工智能技术能大大提高各类信息数据的管理效率。

（五）网络服务应用

优化网络信息服务具有合理配置信息及合理配置网络的作用，能全面提升用户的体验感。因此，过去网络服务中运营商往往耗费大量的人力物力财力，除造成人力及成本浪费问题外，甚至存在影响总体生产效果的可能性，反而延长事故的处理时间及周期，导致工作模式流于形式流于表面。同时，网络日趋复杂及业务日趋多样化的背景下，过去优化网络服务的模式早已不再适用于时代发展的要求，所开展的工作略微被动。不同于传统优化网络信息服务，运用人工智能技术能有效训练数据，总结及积累专家经验，形成全新的模型，甚至可模拟专家思维作出相应决策，以达到调整及优化网络信息服务的目标。

我们认识到人工智能技术的大范围应用，给各行业领域带来了全新的发展机遇，尤其是将人工智能技术与计算机网络技术相结合，可以保障智能化生产稳步进行，且有利于计算机技术的革新。因此，相关工作人员需秉持"具体问题、具体分析"的工作原则，不断总结工作经验，融入创新意识，深化对人工智能技术的分析研究，使其与计算机网络技术之间实现深度融合，进一步为计算机行业领域的创新发展提供强有力的技术支持。

第五节　人工智能时代计算机信息安全与防护研究

人工智能领域所涵盖的学术学科很多，也正是因为如此，人工智能所能够应用的范围就会更加的广泛。那么，想要促进人工智能的发展就必须要针对心理

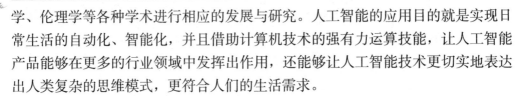

学、伦理学等各种学术进行相应的发展与研究。人工智能的应用目的就是实现日常生活的自动化、智能化，并且借助计算机技术的强有力运算技能，让人工智能产品能够在更多的行业领域中发挥出作用，还能够让人工智能技术更切实地表达出人类复杂的思维模式，更符合人们的生活需求。

一、人工智能技术的特点分析

人工智能作为一种融合多种学科的技术，其涉及的学科包括工程学、语言学、哲学、科学、心理学等。人工智能通过对人类本身智能开展模拟和有效延伸，借助多种高新技术手段，赋予了机器人更高的思维能力。人工智能技术的特点主要包括全面性数据获取、专业化数据分析等特征。人工智能技术凭借着自身的特点，可以对所有数据进行有效控制，如：对大数据技术和云平台技术等进行合理使用，能发挥出广泛性收集的目的。同时，它还能实现对所有被控设备或者控制体系等的控制，而这些设备或者控制系统主要包括各类活动构件。人工智能通过获取这些数据，将其上传到中央传感器中，再利用相关模型，总结各类数据代表的运行模式和各项数据工作的方法，并将这些工作信息等合理纳入后续控制体系中，实现高效处理。例如：某工业机器人的关节控制系统，以对当前相关构件所处的位置进行研究。系统将这些信息作为重要参数，经分析或者测量，直接将这些参数提交到中央控制的平台中。平台再根据相应的工作量进行数据的发送，从而提升数据发送的效率，保障整个系统处于高速运行状态。

二、人工智能时代影响计算机网络信息安全的因素

现阶段的互联网发展进入信息爆炸的时代，很多业务和行业的技术发展都是依靠信息技术来完成的，使得网络安全驱动发生了根本性的改变。网络本身如果没有加以管理和安全防范，很容易受到来自网络设备以及网络软件等应用系统的威胁，其要体现在以下三个方面：首先是人们在使用计算机时，缺少防范意识，对安全系统不了解，无意识地在输入数据中存入了与之不相符的语义数据，或者是计算机使用时操作错误，造成垃圾信息的侵入，使得计算机中原本的数据库完整性遭到破坏，使得数据在传输中，缺少安全性，甚至引起计算机系统的瘫痪，导致信息泄露或者丢失，影响人们的使用感受。其次，计算机被广泛运用的当下，很多资料都可以通过网络来传播，这就给黑客以及不法分子带来了机会，他们常常有计划性地用一些带有破坏性、恶意的软件入侵计算机系统中，窃取用户的信息，利用软件做诱饵，让计算机用户上当，形成严重的安全隐患。或者是通过修补系统漏洞等方式将病毒入侵到计算机中，对用户进行攻击。最后，是计算机本身就存在的漏洞，计算机在硬件或者软件安装时，存在一定的缺陷，给了病

毒等一些外来信息入侵的机会，用户不仅难以及时地防备，还会造成不可控的影响。

三、人工智能时代计算机信息安全与防护

（一）病毒防范技术和防火墙技术的运用

在计算机信息安全技术防范中，病毒防范技术是最基本的，也是最需要引起重视的。因此，要强调病毒防范技术在网络安全中的运用。首先要针对网络运行系统安装可行性的防病毒软件，使网络内部的整体安全性得到基本的提升；其次，要在独立的网络运行系统中加强数据和备份的恢复功能，保障数据不丢失；最后，要针对一些特定的设备或者数据建立良好的逻辑化隔离举措，避免病毒以其他形式渗透和入侵。除此之外，对于计算机的信息安全而言，防火墙技术也可以从根本上抵御外界信息干扰，让其无法接触到内部的局域网但是，防火墙技术也有一个运用上的弊端，就是对于新的危害是无法抵御的。因此，作为保障计算机信息安全的工作人员，要特别提升其网络防范意识，避免对防火墙技术过于依赖，要具有一定的警觉性和警惕性。

（二）计算机网络的软件平台

在计算机网络的软件平台中，主要可以分为后台系统、业务应用、数据服务平台等，并通过网络通信系统实现相互连接和数据交互。同时在计算机网络软件平台的构建中，可以采用 SDN 网络控制技术，以便所搭建起来的网络系统具有较好的性能。利用 SDN 控制器可以实现异地双机的功能，并具有系统备份的功能，提高 SDN 控制器运行的可靠性。当 SDN 控制器出现故障等问题时，由于之前已经做了相应的备份，故不会受到太大的影响。备份的数据可以传送到服务器中，当备份的数据重新配置到另一台控制器中，就可以替代原来的控制器。此外，SDN 控制器还可以采用集群部署的方式，提高网络组网方式的多样性。主备集群部署在不同的地域。正常情况下，主控制器集群用来处理正常的业务，备集群也是处于运行状态，但不会处理具体的网络业务，但主集群和备集群的数据库应该实现同步，相互保持一致。在计算机网络系统中，涉及到的用户类型很多，需要通过软件控制系统来对各个网络用户资源进行统一的管理。SDN 即软件定义网络，可以采用集中的 SDN 控制器对网络通信系统进行集中管理，这种管理方式的优势就是不需要再依赖网络通信设备，这样当网络通信系统中采用了多种不同类型的网络通信设备时，不需要再考虑各个设备之间的差异性。网络通信系统的用户可以根据自己的需要，制定相应的网络访问策略和传输规则策略，这样会使得网络通信系统更加智能化，同时在应用方面也更加灵活。但 SDN 技

术在应用实际的过程中，由于具备 SDN 功能的设备一般都较为昂贵，故在实际构建 SDN 网络通信系统时，应考虑到系统建设的投资成本。如果超出了事先的预算范围，则应在较为重要的网络系统中采用 SDN 技术。通过将不支持 SDN 技术的网络设备升级替换，这样就可以优化网络通信系统，提高系统的性能。

（三）人工智能优化算法的应用

由于在电子信息工程中涉及到的数据类型较多，如何对整个电子信息工程体系进行优化，需要借助智能化算法才能够实现。其中粒子群算法是目前在优化计算领域中应用较为广泛的人工智能算法，并且在实际应用中也取得了较好的效果。在粒子群算法中，通过多次的迭代计算，来不断更新自身粒子的速度以及位置等数据信息。在粒子迭代计算的过程中，可以指定粒子迭代的位置公式和速度公式，并按照所设定的公式进行更新，并将惯性权重和学习因子在粒子迭代公式中加以反应。一般在粒子群优化迭代计算过程中，首先是先初始化电子信息工程优化模型中的各项参数信息，并制定好粒子的最大迭代次数、粒子群的迭代规模和计算维度等信息。然后再随机生成一批初始化的粒子，包括粒子的位置及速度等数据。之后再是计算各个粒子的适应度，并根据所计算出来的适应度数据，来和历史数据进行对比。如果现在所得到的解更好，则将现在的个体替换原理的个体，成为新的个体重新进行下一轮的迭代计算，并且将粒子的速度和位置等数据加以更新。通过粒子之间的不断比较，得出最优解，完成电子信息工程优化模型的迭代计算，使得电子信息工程的整体性能更优。

（四）实现网络资源共享

在信息时代下，信息数据多样性已经成为时代发展的前提，通过多样的电子信息技术能够帮助网络资源进行传输，因此实现网络资源共享的局面，这也是人工智能在电子信息工程中应用的一个主要方向。在当前时代下，网络资源共享能够帮助数据资源进行相应的传输，针对网络平台来说，网络资源共享不仅拥有着较强的开发能力，还能够对网络资源进行相应的分析，与此同时，在资源互联互通的情况下，该功能不仅能够帮助信息进行处理，还能够实现共用共享人工智能系统，在网络资源共享的方面能够大大提高数据处理的精确度。在信息资源共享的情况下，人工智能和电子信息技术能够在各大平台上获取更多的资源，同时能够通过 APP 来下载所需要的信息。在网络异常的情况下，还能够对下载方式进行处理和切换，这样能够帮助网络资源实现进一步的共享，提高网络资源传输和流动的效率。

（五）计算与测量技术的应用

电子信息技术在计算与测量工作中的应用，要求管理人员必须借助智能化技术，全面准确了解测量现场的实际情况，然后借助电子信息技术开展测量工作，确保现场勘测数据的真实性与准确性。由于传统的测量方式在实际操作过程中，不但造成了巨大的人力、物力资源浪费，同时勘测数据结果的准确性也无法得到有效保证。所以，管理人员应该紧跟信息化网络时代发展的脚步，创新自身的思想观念，加大现有管理模式改革的力度。随着电子信息技术对民众生活、工作影响的越来越大，为了提高计算由于测量技术应用的价值，管理人员应该合理运用电子信息技术处理计算与测量过程中产生的海量数据信息，通过对数据结构的深度优化，提高管理人员的工作效率和质量，以便于帮助企业获取更多的经济利润。传统的以人工测量为主的数据计算方式，不仅对企业经济效益的提高产生了消极影响，而且增加了工作人员勘测工作的难度。所以，管理人员应该紧跟信息技术时代发展的脚步，根据测量现场的实际情况，加大电子信息技术与应用的力度，确保计算与现场测量工作的高效完成。

（六）软硬件升级中应用人工智能技术

人工智能应用到电子信息技术中，能够对电子信息中的软件和硬件等进行升级和维护。由于电子信息技术的安全性、稳定运行和价值体现等都需要应用软件或者硬件等进行支撑，对软硬件的维护和升级能够直接发挥出电子信息技术的优势。其主要体现在以下方面：人工智能应用到电子信息技术中，能够提升软件升级的水平和维护的质量。以腾讯公司为案例进行分析，腾讯公司将人工智能应用到用户维护和升级中。用户一旦有更新升级的需求，系统就会对用户所使用的软件等进行升级和更新，并向用户发送相关信息和推送信息，用户再根据自身需求，对软件进行升级、更新、下载。

在人工智能时代下，我国在计算机信息安全和防护方面已经取得了较大的成就，技术上也有了很大程度的升级和更新。很多计算机学者也愿意投身到网络信息安全系统的研究和技术探索中，使得计算机信息安全问题有了很大的保障。除此之外，相关的部门也要承担起保障计算机信息安全的重任，加大对网络信息安全的建设力度，对于进行网络信息窃取的不法分子实施严厉打击，对信息网络中潜在的安全隐患与风险进行全面分析和监控，降低计算机网络的使用风险概率，通过多方面的共同努力，对网络信息安全的目标进行研究，以更好解决计算机信息的安全威胁问题，营造出安全的信息网络环境。

第二章　人工智能与电子信息技术的应用实例

第一节　人脸识别

一、人脸识别研究的背景及意义

人类发展到今天，进入了网络信息化的时代，而这个时代的一个主要特点就是身份的数字化与隐藏化。所以，怎样有效、快捷地对身份进行检验，将是我们急需探讨的热门话题。身份检验是保证国家安全的重中之重。在国家的安防、公安、安检、法律、视频监控、电子商务等领域，准确而快速地进行身份识别与验证是必须的。就目前来看，个人身份的识别主要依靠的仍然是证件与卡片，譬如身份证、学生证、一卡通、银行卡与密码等方式，但这些方式的缺点就是易丢失、携带不方便、容易损坏、密码很容易忘记或者被破解等。据统计，全球每年发生的诈骗案件中，有关信用卡的诈骗案件至少有上亿美元，通过移动电话实施诈骗的有上亿美元，利用取款机施行诈骗的有上亿美元。所以，这对当前广为使用的利用证件、口令、密码等传统方式来鉴定身份的技术带来了严峻的挑战，其已经不能够促进现代化进程满足和社会前进的需求。鉴于此，人们开始寻求一种新的方式，能够既方便又可靠地对身份进行识别，生物特征的识别技术，作为人内在的一种本质属性，而且有非常强的恒定性与个体的差别，给这一想法提供了实现的可能性。人们可能会丢掉或忘记自己的卡片和密码，但与生俱来的生物特性是肯定不会被丢掉或忘记的，譬如脸部特征、指纹、基因、虹膜、声音、掌纹、视网膜等。所以，通过生物特征识别的方式对身份进行验证，吸引了越来越多的关注度，逐渐被许多国家的众多科学家认定为最理想的身份验证方式，并且逐步延伸到社会各个方面。人脸作为人体最重要的特征之一，包含了大量的信息，相较于其他身份检验技术，人面部特征的识别是一个更友好、直接、方便且易被大家接受的方法，人脸检测与识别之所以有很强的关注度，其原因包含了以下几个方面：

（一）友好性强

获取人脸图像时，不与人直接身体接触，可在我们没有意识和防备的时候进行，不会有任何心理障碍，更不会让人产生反感。在一些场合，比如视频监控、嫌犯鉴定与逮捕等情况，这种优势就显得尤为明显。

（二）性价比好

人脸的检测与识别系统安装简单，成本也很低，只需利用普通常用的摄像头、智能手机或数码相机等摄像装置即可。因此，对于用户来说并没有什么特殊的安装要求。

（三）符合人的习惯

我们在日常生活中都是用人脸对一个人进行鉴别的，这也是一种最直接和快捷的方式，符合人的习惯。当一个人试图通过指纹、掌纹等其他生物特征来识别一个人的身份时，较人脸来说就显得困难得多。

正因为人脸在生物特征的识别技术中有许多优势，伴随着计算机软硬件成本的降低，加上研究人员对计算机视觉与人工智能的不断研究，人脸技术的关注度一路飙升，已然成为一个至关重要的课题，并且已经获得了很大发展，在很多方面都有成功的使用：

1. 辅助驾驶

在我国，私家车已经越来越多，堵车也成了很常见的事情。所以，由此引起的交通事故每年也趋于上升状态，给人的生命财产造成很大的伤害。针对这一现状，许多汽车厂商都着手开发车载辅助驾驶系统，此系统的功能之一就是要对车辆周围的人进行实时检测，观察并且跟踪他们的运动及位置，只要有危险的情况发生，就会第一时间通知驾驶员要采取应对的措施或者自行采取紧急措施。而其另一个功能则是对车内人员的情况进行观察。人是辅助驾驶系统中最为重要的观察对象。因此，人脸检测与识别的车载视频技术就能够将车载摄像头的优势发挥出来，比如利用后视镜上的摄像头对驾驶员的疲劳程度进行实时检测，以便减少不必要的交通事故。

2. 智能视频监控

以前的监控是利用人工监视摄像头来完成的，这样不仅耗费了大量的人力，而且对一些突发性的事件还要记录，随着时间的不断增长，人工监视的注意力就会下降，就会出现误报及漏报的情况。

目前，像银行、学校和研究性机构等对安保要求较高场所的监控系统，其优点就是能够实时并准确地反馈摄像头所覆盖范围内的信息，这种监控系统要让监控人员通过观察电视屏幕对所观察到的视频信息人为地进行分析，很明显这项工作的任务量是特别大的。因此，智能化的研究尤为迫切。

智能监控系统会在没有人进行观察的时候，对拍到的视频做自处理及自判断，完成动态环境中运动物体的检测与识别，而且还会对行为做进一步判断，当发生不正常举动时能快速做出反应。由此可以看出，智能监控系统具有数字化、远距离传输与高效稳定等优点，在一些对安全级别要求很高的场所，这时候除了出入卡、通行证等证明外，还需利用生物特征建立一套完整的门禁系统，其中就包含譬如人脸、身高、肤色等视觉类信息，通过跟数据库中已有信息做对比来判定访问者是否可以进入此场所，这也是目前一些国际会议与工作小组的研究内容。

3. 智能交通

伴随着汽车的保有量越来越多，许多大城市出现交通堵塞和发生交通事故的频率不断上升，智能交通的发展就是解决这些问题的核心所在。智能交通要做的就是对车流量、车辆异常行驶、行人行为判断等进行检测与跟踪，并及时报警告知驾驶员做出应急反应。

4. 视频与图像压缩

对有人脸的视频与图像，可以通过人脸的边缘检测、肤色检测、五官特征检测等完成人脸的定位，进而对视频与图像进行压缩，可以在很大程度上减少人脸部的储存空间，从而能够完成较远距离的传输。

二、人脸检测与识别的国内外研究现状

人工智能模式识别是现今研究的热点话题，而国内外专家对人脸检测与识别的研究也越来越深入，就目前来看，在这个领域研究较好的国家有美国、英国、日本等，而且全球知名大学或研究部门也在投入大量研究，例如：MIT 的 AI laboratory、Media laboratory，英国的剑桥大学工程系等。由于许多国家起步比较早，现在也已经有了相对较成熟的产品。Open CV 是 Intel 开发的开源工具，这种开源的工具将会吸引更多的研究人员参与到人脸检测与识别技术的工作中来，促进了人脸检测与识别的发展。

随着现代科技的不断发展与创新，每个国家的安全意识都在提高，美国作为发展较为快速的国家，在人脸的检测与识别领域已经从事了多年的研究，动用了很大的人力、物力，出现了关于人脸检测与识别的大量算法，在 20 世纪末，美国研究人员对这个时期出现的各类算法进行了大量的推敲与验证，大多数的验证结果都是让人满意的，此时这些让人满意的检测与识别算法都是对大量的人脸静态图像做检测和识别。当然，检测率与识别率也是能够满足当时的科技和生活的实际水平的。与此同时，德国一家大公司在此领域建立了较大规模的人脸库，

研发出了一个人脸检测与识别系统。在亚洲，日本在此领域处于较高水准，由Esolutio 研发的人脸系统，成为那个时候的一个热门话题。我国对人脸识别的研发开始得相对较晚，起始于 20 世纪 80 年代，经过这几十年的研发，获得了许多突破性的成绩。并且我国从 20 世纪 90 年代至今，国家启动"863"计划、自然科学基金等对研究工作予以资助，我国许多高校（如清华大学、上海交通大学、哈尔滨工业大学等）和研究院展开了对人脸的探索。国内举办的许多相关学术交流会议，也加快了这方面的研究进程。中国科学院对我国模式识别方面的发展贡献巨大。但就人脸的研究整体而言，我国的研究工作还主要集中在较正面的人脸，为达到国际领先水平，还要在更多的人力、物力支持下进行研究。

我们在认识一个人的时候，最先记住的就是这个人的长相，最主要的一个原因就是人脸是我们将一个人与另一个人进行区分的最简单和最直接的方式。对于我们人来说，这是比较容易的一件事情，但对计算机来说，这将是一个非常复杂的过程。原因是人脸是非刚体的，无时无刻都会出现细微或较大的变化，比如表情的变化、胖瘦的变化、肤色的变化等，这些非线性变化使得人脸检测与识别变成了极其复杂的探索话题。

目前的人脸检测与识别大多是在特定条件下实现的，还不能达到像我们人一样在许多恶劣环境下的高精度和高速率检测与识别工作。因此，我们所面临的难点还是很多的，主要概括为以下几个方面：

（一）光照问题

人脸图像的采集存在很大的不确定性，会受到很多客观因素的影响，例如天气、光源的方向、色彩、拍摄设备、光强等，这些因素都会在不同程度上造成人脸图像的灰度分布不均，从而会极大地影响后续人脸检测与识别的效果。

（二）姿态问题

关于人脸姿态改变的探索比较少，因为现在大多数都是对正面或准正面的人脸图像进行检验，在发生大幅度旋转、侧度过高等情况时，会给研究带来非常大的困难。

（三）遮挡问题

遮挡问题将是一个很严重的问题，因为公共场所的摄像头拍摄的人脸图像都是在非配合状态下完成的，所以经常会拍到戴围巾、口罩等遮盖脸部特征的图像，这将是造成特征没办法提取和识别的一个重大的问题。

（四）图像质量问题

人脸图像的来源多种多样，采集设备的不同、时间长短不同，得到的人脸图

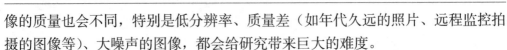

像的质量也会不同，特别是低分辨率、质量差（如年代久远的照片、远程监控拍摄的图像等）、大噪声的图像，都会给研究带来巨大的难度。

三、人脸的检测与识别技术

人本身对事物有非常强的识别能力，能很容易对成百上千张人脸进行记忆与识别，但这件事情如果让计算机来做，就显得非常困难。人脸图像会受到表情、环境、旋转角度等许多方面的影响，而随着模式识别人工智能的不断发展和国家安全发展的迫切需求，人脸图像检测与识别这项非常有意义的研究工作就显得尤为重要。

（一）人脸的检测与识别概述

人脸相较于人的其他生物特性来说，是个有一定规律可循的视觉样式，既有内在的特点，又有各种各样的约束条件，这也使得我们的研究工作变得有章可循，进而出现突破性的进展。

人脸检测（Face Detection）说的就是在所给定的任意静态的人脸图像或者动态的人脸视频之中，通过特定的方法对其进行检索，判定其中是否包含人脸信息。若有，则对人脸的大小、位置、数目等信息进行标记；若没有，就返回没有人脸的信息。这个过程是进行其他后续工作（如人脸识别、追踪等）的基础，其主要目的就是将所输入的图像分为人脸区域和非人脸区域。正因为人脸检测是开展后续工作的关键的一步，所以它的准度与恒定性就显得至关重要。人脸识别（Face Recognisation）的核心就是利用我们已知人脸对未知人脸的归属进行判断和比对。首先，我们要采集人脸图像，建立人脸库，有了相对完整的人脸库之后，再把库中没有的待识别图像和库中的图像做比对，使待识别图像和库中某个图像对应起来，这样就完成了人脸的识别过程。也就是说，人脸检测是通过人脸的共同特性对人脸区域做筛选，属于类别判断。而人脸识别强调的是人脸之间的个体差异，利用这个差异得出所要识别的人脸图像是属于某个人的人脸图像，属于个体判断。

人脸的检测与识别的特点

1. 便捷性。

通过当前研发的一些人脸检测与识别系统，能够在人们自身毫无察觉的情况下完成对目标的检测与识别，这样不但减少了许多不必要的麻烦，也使得工作人员的工作变得更加有效。

2. 恒定性。

每个人都是一个独立的个体，人脸特征也就各有特点、各不相同，所以人脸的特征具有恒定性，不会有两个目标人脸的特征是完全相同的，这也就给目标人脸的确定带来了便利，也正是我们当前把人脸作为身份验证的主要原因。

3. 直接性。

人脸作为人的最直观的特征，它不像指纹、虹膜等容易隐蔽，用人脸作为身份认证会使得身份识别更快，无论是安检、公安侦查等都是直接而有效的一种方式，也是最容易让人接受的一种方式。

四、人脸识别中的模式表示与模式分类的研究

（一）人脸识别中的模式表示从模式

样本的原始信息中提炼出最有利于模式分类的有效信息的过程通常称为模式表示或模式特征抽取。获取鲁棒的人脸表示以解决复杂条件下的人脸识别问题一直是一条公认的有效途径。国内外关于鲁棒人脸表示理论与方法的研究如火如荼。近年来，稀疏表示、表示学习及大数据研究的相关进展，更为人脸图像表示研究领域注入了新鲜血液与发展动力。一般来说，对人脸图像表示方法的研究可简单地划分为两类：基于几何特征的表示（Geometric Feature-Based Representation）方法和基于表观特征表示（Appearance-Based Representation）方法。

1. 几何特征表示

基于几何特征的表示方法是以人脸的面部特征点（如眼、鼻等）的形状和几何关系为基础，通过计算特征点形状及分布的几何参数来区分不同的人脸。基于几何特征的表示方法简单、直观、易实现且理论基础明晰。

Bledsoe 首先提出了基于人脸特征点的间距、比率等特征描述因子。通常，这些特征的提取是手工完成的。Kelly 在 Bledsoe 所提框架的基础上，提出一种自动提取这些特征的方法。1977 年，Kanade 提出用几何量作为人脸的特征，这些量包括眼角、嘴角、鼻子、下巴等点之间的距离及它们所构成的角度。Buchr 等进一步提出用图表示法和描述树法描述人脸，并给出了 33 个主要特征与 12 个次要特征。Yuilk 提出了包括头发、鼻子、嘴用弹簧连接边缘的全局人脸模板，抽取出眼睛与嘴。Craw 提出了更加复杂的人脸模板，包含了头发线条、眼睛、眉毛、鼻子、嘴和面颊。至此，几何特征表示框架基本成型。其他相关的工作更多关注于如何集成、选择这些特征以获得更好的识别结果。

总体来说，早期的几何特征表示为人脸识别走向自动化奠定了基础，促进了自动人脸识别技术的发展。然而，几何特征表示在复杂环境识别问题中具有天然的劣势，如对于姿态变化、表情变化的识别问题，几何特征难以表达类内变化，从而变得不够稳定，有效性和可靠性无法保障。因此，基于几何特征表示方法的研究在后续的鲁棒人脸识别发展中几乎停滞。近年来，随着多媒体硬件的发展，

如高清数字电视（HDTV）以及数码相机（Digital Cameras）的出现，我们很容易获取更高分辨率的图像，这使得我们可以在更精细的粒度上提取几何特征，描述人脸。具体地讲，不同于低分辨率图像只能提取人脸轮廓、五官等大粒度特征，高分辨率图像可提取诸如痣、疤痕、毛孔以及毛发等更加精细的特征。另外，在三维处理技术上取得的巨大进步使得三维人脸识别技术成为人脸识别领域中一个十分活跃的分支。总之，几何特征表示正逐渐度过低谷期，再次在人脸识别领域显示出其活力，并得到了一定的研究。

2. 表观特征表示

图像的表观特征表示指的是直接利用图像像素值及其分布或在像素值上的变换对图像进行描述。Hong 将表观特征表示进一步细分为基于像素的统计特征的表示、基于变换系数特征的表示和代数特征表示。Brime 和 Poggio 对几何特征表示和表观特征表示的人脸识别方法做了对比研究，结果表明基于表观特征的识别方法可获得不错的识别结果。

（1）基于像素统计特征的表示

Kirby 和 Sirovich 最先在 KL 展开的框架下讨论了基于表观的人脸图像的最优表示。研究表明，任意给定的图像都可以近似地用本征图像线性表示，对于人脸图像，每幅图像的线性表示系数可以作为该图像的特征。Turk 和 Pentland 由实验人脸数据库中的人脸图像得到一个平均人脸图像，然后计算每个人脸图像与平均图像的差异，进而对所求出的样本散布矩阵做 KL 变换得到本征脸。在获得本征脸后，将每幅人脸图像投影到每个本征脸上，人脸图像就可以用一个权值矢量来表示。事实上，本征脸方法等同于寻找一组使得所有人脸重构误差最小的一组基，即假设所有的人脸位于由这组基本张成的线性子空间内。本征脸方法的提出拉开了子空间人脸识别方法的序幕，从此，人脸识别领域进入了子空间学习的时代。

对于复杂模式来说，线性模型过于简单了，以至于无法反映复杂模式的内在规律。理论与实验都证明，复杂模式的特征之间往往存在着高阶的相关性，因此观测数据集呈现明显的非线性。为了适应这一特征，有必要将本征脸向非线性推广。KPCA（核主分量分析）是一种成功的非线性主分量分析方法，它旨在将输入空间通过非线性函数映射到更高维特征空间，并在高维特征空间中应用 PCA 方法。KPCA 通过核技巧能够成功地将非线性的数据结构尽可能地线性化，其局限性在于它的计算复杂度。对于全局结构非线性的数据来说，从局部看，数据可以呈现出线性性质，因此用来描述数据的局部线性结构的局部 PCA 方法吸引了研究人员的兴趣。Liu 与 Xu 借助于 Kohenen 自组织映射神经网络提出了拓扑局部 PCA 模型，该模型能够利用数据的全局拓扑结构与每个局部聚类结构。

特征脸的求取严重依赖于样本散布矩阵的构造，而数据中孤立点的存在使得特征脸方法面临巨大的挑战。Xu 等假定所有的数据样本都是孤立样本，通过利用统计物理方法，由边际分布定义出能量函数，建立了鲁棒 PCA 的自组织规则。Torre 与 Black 提出了能够学习高维数据的线性多变量表示的 Robust PCA。Burton 和 Zhao 分别利用平均技术和对数平方误差准则得到人脸图像的 Robust PCA 表示。还有一些方法是利用投影追踪（Projection Pursuit）技术。

另外，传统的 PCA 技术是基于矢量的，而直接基于二维图像构造协方差矩阵并保持图像的像素结构信息的技术引起了广大研究人员的关注。针对这一问题，Yang 等提出了一种快速有效的二维主成分分析（two-dimensional principal component analysis，2DPCA）方法。2DPCA 的提出引起了众多研究人员的极大兴趣，经常可看到新的研究成果发表。例如，借鉴 2DPCA 的思想，利用一般的低秩矩阵逼近的方法对图像矩阵进行双边的维数约减。还把 PCA 延伸到稀疏情况，提出了稀疏的主成分分析（SparsePCA，SPCA）。

从根本上讲，本征脸方法的目标是寻求高维空间图像模式的一个最优的低维表示，而这对于人脸识别问题来讲未必是一个高效的方法，因为好的表示未必具有鉴别能力。因此，在人脸识别中更多地将 PCA 作为一种预处理方法，既可以降低图像的维度，又可去除一部分噪声干扰。

基于像素的统计特征进行表示的另一代表性工作是 Fisher 线性鉴别分析（FLDA），该方法的基本思想是寻求一个子空间使得类内样本距离尽可能小，而类间样本距离尽可能大，因此 LDA 比 PCA 更适合解决识别问题。Belhumeur 等进一步发展的 Fisher 脸（Fisherface）方法已成为人脸识别领域的经典方法。LDA 的主要思想是选择使得 Fisher 准则函数达到极值的向量作为最佳投影方向，从而使得样本在该方向上投影后，达到最大的类间离散度和最小的类内离散度，换言之，就是找出使得类间散度和总体样本散度比值最大的线性子空间。为此，LDA 首先定义两个量，并用于度量所有类内与类间数据间的关系，这两个量分别是：①类内散度值，其度量的是类内的紧致性；②类间散度值，其度量的是类间的可分性。通常在某个方向上，低维特征类内散度值越小越有利于分类，而类间散度值越大则越有利于分类。因此，一个理想的全局性度量（准则）就是最大化低维特征的类间散度值与类间散度值的比。特征的类内离散度越小，类间离散度越大，它的分类性就越强；Fisher 准则就是根据这一思想进行特征提取。采用单个特征的 Fisher 判别率作为准则，计算每一个特征的准则值，然后从高到低排列这些特征，选择分类能力强的特征，去除分类能力弱的特征，从而达到识别目的。

针对 LDA 存在的一些问题，国内外学者展开了大量的研究。提出了增强的线性鉴别分析方法（Enhanced Fisher Lineardiscriminant model，EFM）。提出了统计不相关的鉴别分析，即提取的特征向量之间是统计不相关的。此外，还有基于图像矩阵的 2DLDA、降低 LDA 数据分布要求的边界 Fisher 鉴别分析（Marginal Fisher Analysis，MFA）等。最近，Line 等结合稀疏学习提出了稀疏鉴别分析。Cai 等结合向量的谱特征和稀疏回归，提出了基于局部几何的稀疏子空间学习算法框架。除此之外，还有基于核的核 Fisher 鉴别分析（KFDA）等。Yang 等还揭示了核线性鉴别分析的本质就是 KPCA 与 LDA 的组合。

流形学习就是利用数学中流形的基本假设和性质研究高维空间中数据分布，寻求数据的低维空间表示，进而达到维数约减的目的。这一方法仍然在基于像素的统计特征的表示范畴之内。模式识别领域的流形学习开始于 2000 年 Seung 等在《Sicence》上发表的工作。目前，比较经典的流形学习方法包括局部线性嵌入（Locally Linear Embedding，LLE）、Laplacian Eigemnaps、扩散映射（Diffusionmaps）等算法。尽管这些方法较好地保持了数据的局部几何结构，但仅局限在训练样本上，为了完成对训练样本之外的测试样本进行维数约减，局部保持投影（Locality Preserving Projections，LPP）方法应运而生。该方法是 Laplacian Eigemnaps 的一个线性化方法，其基本思想是在低维空间尽可能地保持数据在高维空间的局部几何结构。随后，提出了无监督判别投影（Unsupervised Discriminant Projection，UDP）方法，目的是寻找一种最大化非局部散度同时最小化局部散度的投影。此外，在 LPP 的基础上还涌现出了一系列的维数约减算法。最近，wang 等提出了流形—流形距离（Manifold-Manifold Distance，MMD）的理论框架，并成功地应用到了基于图像集的人脸识别问题中。

全局的图像特征提取方法在面对图像局部的细节变化时，难以表现出优越的性能。为了得到鲁棒的局部特征，众多学者提出了一系列的局部特征提取方法。这里的局部统计方法包含两方面：面向子空间的局部统计方法和基于局部梯度直方图的统计方法。面向子空间的局部统计方法包括局部特征分析（Local Feature Analysis，LFA），该方法提取的特征不仅是局部的，同时保留了全局拓扑结构。在非负矩阵分解（Non-negative Matrix Factorization，NMF）的基础上，加入局部性约束，提出了局部的非负矩阵分解。此外，提出局部显著的独立成分分析（Locally Salient ICA，LS-ICA），该方法在人脸图像存在遮挡和局部变化时表现出了较好的性能。局部二值模式（Local Binaiy Pattern，LBP）是这类方法中最具代表性的一个工作。LBP 是由 Ojala 等提出的，目的是解决图像的纹理分类问题。随后，Ahonen 等将 LBP 引入人脸识别领域，并取得了较好的识别性能。最近十年，国内外学者在 LBP 的基础上发展出了很多方法。通过一种特殊的采样方式对局部微小区域间的差异进行编码，提出了 TPLBP（Three-patch）和 EPLBP 这两种图像特征提取方法。此外，研究者还从其他角度来刻画图像局部特征，提出了基于图像局部视觉基元的人脸特征提取方法。提出了基于学习的人脸图像描述方法。Monogenic 二值编码的局部特征提取方法在人脸识别中也得到了较好的结果。局部图像描述方法称为局部张量模式（Local Tensor Pattern，LTP）。与 LBP 相比，LTP 面对噪声变化更加稳定。

Vinje 和 Gallant 在 2000 年《Sicence》上发表的研究成果通过记录短尾猴 V 区在开放的和模拟的自然场景下的神经细胞响应，验证了视皮层（V 区）神经细胞用稀疏编码有效表示自然场景，稀疏编码用最小冗余度传递信息。Olshausen 和 Field 提出了稀疏编码模型，通过寻找自然图像的稀疏编码表示，使稀疏编码网络学习得到类似于简单细胞感受野的结构。Hyvarinen 和 Hoyer 应用一个两层的稀疏编码模型来解释类似于复杂细胞感受野的存在和简单细胞的拓扑结构。2003~2004 年，Donoho 和 Elad 证明了稀疏优化模型有唯一解的条件。2006 年，华裔数学家 TerrenceTao 和 Donoho 的弟子 Candes 合作证明了在满足 RIP 条件下，LO 范数优化问题与以 FL，范数优化问题具有相同的解，至此，稀疏表示的理论基础已经奠定。2009 年，Wright 等基于稀疏表示理论提出了一个鲁棒的人脸识别方法并受到了广泛的关注。该方法直接利用已知的人脸图像稀疏线性重构表示待分类图像，在处理光照和遮挡识别上获得了相当高的识别率。基于该框架，后续一系列的方法被提出来，或者增加先验约束，或者对表示字典进行编码。稀疏表示方法本质上仍在基于像素的统计特征的表示范畴之内，然而这种表示方法处理模式识别问题的理论基础仍然是一个开放的问题。

从发表文章的数量和年份跨度上看，基于像素的统计特征的表示方法引领了人脸识别领域近 20 年。同时，这也是统计模式识别飞速发展的 20 年。然而，受限于统计方法的根本缺陷，如很难获得大量的训练样本、缺乏处理高维数据和非线性数据的工具等，此类方法在解决非受控条件下人脸识别问题中依然面临着巨大的挑战。

（2）基于变换系数特征的表示

针对非受控模式下的人脸识别问题，一个直观的思想是直接移除干扰信息。然而，在直观的像素域上很难提取并处理这类干扰信息。因此，相当多的工作关注于在变换域上处理该类问题。频域变换的方法是指将图像变换到频域后，应用频域表示系数作为图像特征，是我们最常使用的一类变换域方法。人脸识别中的频域变换主要包括两种方法：离散余弦变换（Discrete Cosine Transform，DCT）和离散傅立叶变换（Discrete Fourier Transform，DFT）。两种方法具有相同的频域图像属性：低频部分表示细节特征和高频部分表示整体特征。利用 DCT 变换的部分系数作为特征刻画人脸图像，得到了与 PCA 相似的结果。为了同时考虑人脸图像的全局信息和局部信息，Su 等利用 LDA 从图像傅立叶变换的低频特征

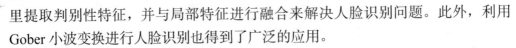

里提取判别性特征，并与局部特征进行融合来解决人脸识别问题。此外，利用 Gober 小波变换进行人脸识别也得到了广泛的应用。

（3）基于代数特征的表示

代数特征是由 Hong 提出的一种由图像本身的灰度分布即灰度矩阵所确定的特征，它描述了图像的内在信息。代数特征一般由各种代数变换和矩阵分解进行抽取。Hong 最先提出由灰度图像的奇异值分解得到的奇异值向量作为该图像的代数特征，并在数学上证明了该特征的一些优异的性质。Guo 进一步将图像矩阵与其图像矩阵的转置的乘积作为图像的代数特征描述进行人脸识别，并给出了该代数特征在数学上的一些优异性质。然而，作为一种最为直观的特征，代数特征的物理意义并不明确，缺乏代数特征表示设计的指导性原则。大量实验表明，当前的一些代数特征并不能获得好的识别结果。因此，代数特征表示逐渐淡出了人脸识别研究人员的视野。

综上所述，图像的表示方法发展是极其不平衡的，大量的工作集中在基于像素的统计特征的表示框架上，这与模式识别的技术进展以及当时所需要解决的问题要求有关。然而，这些表示策略并非毫无关联的，将这些表示方法进行组合表达早已成为趋势。另外，学者们注意到现有的表示方法一般仅针对客观对象的当前观测或针对当前观测的变换刻画对象。换句话说，这些方法获得的只是待识别对象的单个或少数观测，不具备充分表达该对象的能力。目前，针对该问题学术界主要存在两种解决策略：一种是特征融合，即对同一观测将不同的特征抽取算法得到的特征加以组合或融合。然而，如何将异质特征加以融合是该策略的关键及难点。另一种策略是将识别问题转化为模式描述问题。该策略不再直接依据某一观测判定待识别对象的身份，而是先获取对该观测的属性描述，然后加以识别。然而，模式属性描述问题似乎是一个更加困难和复杂的问题。

总之，人脸图像模式表示的研究内容随着时代发展而不断变化。新理论、新技术和新方法不断融入该主题，促进人脸识别朝向其最终目标不断靠近。众多表示方法的涌现反映了研究者们对该领域投入了较多的精力和极大的研究热情，但也同时折射出表示方法设计一般原则的缺失，大多数表示方法的出现依靠的是研究者们天马行空的猜想及天才般的洞察力。

（二）人脸识别中的模式分类

模式分类问题一直是模式识别与机器学习研究的核心问题。

在人脸识别中，研究者通常将其转化为一个多分类问题加以研究。实际上，分类方法在人脸识别系统的各个阶段都扮演着至关重要的角色。

1.最近邻分类器

人脸识别领域最流行的分类器莫过于最近邻分类器（Nearest Neighbor based

Classifier，NNC）。1967 年，Cover 和 Hart 从理论上证明了最近邻分类器的错误率上界，即独立于度量方法，在样本充足的情况下，最近邻分类器的错误率上界为两倍贝叶斯错误率。从此，基于最近邻规则的各种分类方法如最近邻线（Nearest Neighbor Line，NNL）、最近邻面（Nearest Neighbor Plane，NNP）、最近特征线（Nearest Feature Line，NFL）、最近特征子空间（Nearest Feature Subspace，NFS）等相继被提出并应用于人脸识别任务中。其中，NNL 方法在每个类上利用线性回归寻找两个样本表示待测图像，NNP 将其扩展到利用三个样本表示待测图像。此外，还有利用更多类样本的人脸表示分类器，如最近邻子空间分类器和线性回归分类器。NS 利用三个以上的类样本表示待测图像，LRC 使用每个类的所有样本表示待测图像。一般来讲，上述方法都是要在每个已知类上找到测试样本的合适表达，继而验证哪个类可给出测试样本的最优表达，最后将待测样本归于该类。尽管如此，如何利用有限的已知样本和最近邻规则更好地完成分类任务，依然是人脸识别中具有挑战性的问题之一。

事实上，最近邻分类器的核心是相似度度量。度量学习即是从该角度提升最近邻分类器的性能所带来的一个新的研究方向。度量学习指的是通过学习获得一个能提升分类能力的相似度度量。马氏距离和白化余弦距离就是两种常用的基于度量学习的相似度度量。这两种距离都是利用已知样本的协方差矩阵获得有利于分类的信息，从而提升最近邻分类规则的分类能力。

2. 支持向量机

支持向量机（Support Vector Machine，SVM）是由 Vapnik 等在统计学习理论基础上提出的一种分类算法，其主要思想可概括为两点：一是它通过该方法将低维线性不可分的样本转化成高维空间的线性可分样本，同时可克服小样本问题；二是它基于结构风险最小化理论，可得到全局最优解，并使得整个样本空间的期望风险值、概率满足一定的上界，从而获得最佳的泛化能力。鉴于 SVM 优异的性能，其应用在人脸识别系统的各个阶段都可见到。最早提出将 SVM 应用于人脸检测，并给出了具体的实现方法，在超过 50 000 幅图像上的实验结果表明，基于 SVM 的人脸检测方法可获得优异的检测性能。随后，基于 SVM 的人脸检测的工作逐年增加，这些工作结合高效的表示方法以及 SVM 上的新进展，进一步提升了检测效果。提出将 SVM 用于人脸识别的决策。由于人脸识别问题是一个多分类问题，而 SVM 是一个 2 分类分类器。因此，该文首先将人脸识别问题转化为不同子空间问题，进而使用 SVM 分类。2010 年，Sang 等结合 LDA 与 SVM，设计了一个高效的特征抽取的方法并将其应用于人脸识别。此外，Huang 等还将 SVM 应用于人脸姿态鉴别中，并获得了良好的结果。

3. Boosting

Boosting 是一个通过集成弱可学习算法进而获得更强分类能力算法的分类策略。Boosting 通过计算多个弱可分类器的线性加权权重，将其组合形成一个最终的分类器。具体的加权和组合方式依赖于特定的 boosting 策略，如 AdaBoost。Boosting 分类方法通常还集成了特征选择过程，具有计算复杂度低、灵活、快速、容易实现等特点。然而，Boosting 需要大量的训练样本，很难处理多分类问题。类似于 SVM，Boosting 主要应用于目标检测。

4. 贝叶斯分类器

人脸识别中的贝叶斯分类器（Bayesian Classifier）由 Moghaddam 等于 2000 年提出的，其核心思想是将人脸识别问题转换为一个可区分高斯分布类内变化和类间变化的 2 分类问题。贝叶斯分类器是一个概率模型，可有效地将干扰信息从鉴别特征里分离出来，进而降低模型复杂度。大量实验表明，贝叶斯分类器在人脸识别中可获得非常有竞争力的性能。

5. 稀疏表示分类器

近年来，稀疏表示在图像处理领域的成功应用引起了众多学者的关注。2009年，Wright 等基于稀疏表示理论提出了稀疏表示分类器（SRC）并受到了广泛的关注。该方法直接利用已知的人脸图像稀疏线性重构表示待分类图像，在处理光照和遮挡识别上获得了非常高的识别率。但是，受限于其范数优化方法的进展，SRC 的计算代价过高。给出了一个基于 Gabor 遮挡字典的稀疏表示分类方法，利用 Gabor 特征降低 SRC 的计算代价。从信息论的角度，提出了最大相关性准则的稀疏表示方法（CESR）。为进一步提升稀疏表示在处理人脸遮挡和伪装问题的鲁棒性，借鉴鲁棒回归的思想提出了鲁棒的稀疏编码分类器（Robust Sparse Coding，RSC）。在稀疏表示框架下引入马尔可夫随机场，并验证了该方法的有效性。提出了一种结构稀疏误差编码模型（Structure SparseError Coding，SSEC），在极端遮挡条件下获得了较好的识别结果。

为提升稀疏表示分类器的性能，研究者从字典学习和扩展的角度进行了尝试。提出了利用 K-SVD 算法迭代更新字典中的基，以便字典能更好表示待测样本。基于 Fisher 准则的字典学习算法来提升稀疏表示方法的分类性能。构建光照字典提升稀疏表示分类器识别光照变化人脸图像的能力。此外，还有大量的基于稀疏表示的识别方法涌现出来。

6. 人工神经网络

人工神经网络（Artificial Neural Networks，ANNs）是一种模仿动物神经网络行为特征，进行分布式并行信息处理的算法。20 世纪 90 年代前，研究者们投入了大量精力研究人工神经网络。在人脸识别中，大量基于 ANN 的方法被提出解决人脸检测或人脸分类问题。随后，由于人工神经网络固有的弱点，人们对其研究的热情逐渐被 SVM 所取代。最近，对深度学习（表示学习）的研究使得人工神经网络重新成为机器学习研究中的一个热门领域。它模仿人脑的机制，通过组合低层特征形成更加抽象的高层特征来表示数据。深度学习的概念由 Hinton 等提出，主要特点是在深信度网上采用非监督逐层训练算法。随后，Lecun 等提出的卷积神经网络成为第一个真正可以运行的多层结构学习算法，它利用空间相对关系减少参数数目提高训练性能，特别适合处理图像的表示学习问题。鉴于深度学习在语音识别以及计算机视觉上的巨大成功，研究人员将其引入以解决人脸识别问题。Tang 等提出的 DeepIDs 方法以及 Facebook 的 DeepFaceti 在 LFW 人脸库上均取得了令人振奋的识别结果。然而，表示学习方法尚处于探索和尝试阶段，获取的表示缺乏对目标对象的直观解释，还没有形成一个统一的框架模型，且尚有诸多关键理论和应用问题需要深入研究、解决。

第二节　地图与打车软件

一、电子地图

20 世纪计算机技术革命，照亮了传统地图的道路。计算机革命是指电子计算机的发明、使用及其技术的发展给包括计算机工业在内的整个科学技术体系，乃至整个人类社会生活所带来的巨大影响与深刻变革。电子计算机诞生于 20 世纪中叶，其后经过不断发展，现已渗透到社会的各个领域，对科学技术、经济、社会的发展产生了深刻、巨大的影响。1950 年，第一台图形显示器诞生，地图电子化思想瞬间爆发。但是，直到 1981 年，商业化的软件 ARC/INFO 才正式发布；同期（1986 年）MapInfo 也发布了。ARC/INFO 主打高端路线，面向地理科学计算和空间分析，而 Mapinfo 则走大众路线，致力于功能实用和方便，由于它们既能够方便地制作地图，又能够存储、查询、量算，解决了传统地图很多难题，还能提供传统地图没有的空间分析功能，因而获得了"电子地图"的美誉。

（一）电子地图

电子地图（electronic map），即数字地图，是利用计算机技术，以数字方式存储和查阅的地图。电子地图储存数据的方法：一般使用矢量式图像储存，地图比例可放大、缩小或旋转而不影响显示效果，早期使用栅格式储存，地图比例不能放大或缩小，现代电子地图软件一般利用地理信息系统来储存和传送地图数据，也有其他的信息系统。

在社会需求的推动下，电子地图获得了快速发展，国土、规划、水利等空间数据管理的行业都制作了大量的电子地图，服务于部门业务，但是，这些地图局限于业务部门，是一个个地图孤岛，相互连通和操作非常困难。另外，随着小汽车的普及和卫星定位技术的成熟，个人导航业务高涨，催生了导航地图，由于导航地图有天然的互联互通的要求，国土、规划部门的地图很难应用到汽车导航中，因此导航地图厂商都是自己采集路网数据和兴趣点数据，或购买其他导航地图数据，数据采集成本很高。在这个阶段、导航地图厂商、行业部门和GIS软件厂商都力求自身的地图和软件效益最大化，导致这个行业一直是小众行业，不能融入IT主流。

2005年谷歌地球的出现，瞬间照亮了地图的天空。谷歌告诉从业者，电子地图应该这样做！谷歌一下子将电子地图从象牙塔推向了社会大众。

谷歌地球（Google Earth，GE）是一款谷歌公司开发的虚拟地球软件，它把卫星照片、航空照相和GIS布置在一个地球的三维模型上。谷歌地球于2005年向全球推出，被《PC世界杂志》评为2005年全球100种最佳新产品之一。用户们可以通过一个下载到自己电脑上的客户端软件，免费浏览全球各地的高清晰度卫星图片。

Google Earth的卫星影像，并非单一数据来源，而是卫星影像与航拍的数据整合。其卫星影像部分来自于美国Digital Globe公司的Quick Bird（快鸟）商业卫星与Earth Sat公司（美国公司，影像来源于陆地卫星LANDSAT-7卫星居多），航拍部分的来源有Blue Sky公司（英国公司，以航拍、GIS/GPS相关业务为主）、Sanborn公司（美国公司，以GIS、地理数据、空中勘测等业务为主）、美国IKONOS及法国SPOTS。

中国的IT公司从谷歌地图中看到了巨大的商机，纷纷打造自己的电子地图，作为用户和流量的入口。当时中国市场上导航地图有高德、四维、凯立德等几家公司，其中高德是规模最大的。百度最开始和高德接触，试图购买高德，但是其已经与四维有合作，犹豫不决。而高德对百度的收购价格和态度不满意，不太心甘情愿。阿里乘虚而入，一举控股了高德，后来又全资买下高德，同时保留高德原来的管理团队，因此使百度追悔莫及。腾讯无奈之下，购买了SOSO地图，并且打造街景地图作为创新点。目前，高德地图仍然保留原有的品牌，由于其专注于做导航，市场占有率越来越高，质量也越来越好。

（二）高精地图

高精地图是电子地图的进一步发展，是指高精度、精细化定义的地图，其精度达到厘米级，能够区分各个车道。如今随着定位技术的发展，高精度的定位已经成为可能。而精细化定义，则是需要格式化存储交通场景中的各种交通要素，包括传统地图的道路网数据、车道网络数据、车道线以及交通标志等数据。

与电子地图不同，高精度电子地图的主要服务对象是无人驾驶车，或者说是机器驾驶员。和人类驾驶员不同，机器驾驶员缺乏与生俱来的视觉识别、逻辑分析能力。比如，人可以很轻松、准确地利用图像、GPS 定位自己，鉴别障碍物、人、交通信号灯等，但这对当前的机器人来说是非常困难的任务。因此，高精度电子地图是当前无人驾驶车技术中必不可少的一个组成部分。高精度电子地图包含大量行车辅助信息，其中，最重要的是对路网精确的三维表征（厘米级精度）。比如，路面的几何结构、道路标示线的位置、周边道路环境的点云模型等。有了这些高精度的三维表征，车载机器人就可以通过比对车载 GPS、IMU、LiDAR 或摄像头数据来精确确认自己的当前位置。此外，高精度地图还包含丰富的语义信息，比如，交通信号灯的位置及类型，道路标示线的类型，识别哪些路面可以行驶，等等。这些都可以极大地提高了车载机器人鉴别周围环境的能力。此外，高精度地图还能帮助无人车识别车辆、行人及未知障碍物。这是因为高精地图一般会过滤掉车辆、行人等活动障碍物。如果无人车在行驶过程中发现当前高精地图中没有的物体，便有很大概率是车辆、行人或障碍物。因此，高精度地图可以提高无人车发现并鉴别障碍物的速度和精度。

高精度地图是无人驾驶核心技术之一，精准的地图对无人车定位、导航与控制，以及安全至关重要。我们马路上的车道线的宽度大约都在 10cm，如果让行驶的车辆完全自动驾驶的情况下同时避免压线，就需要地图的定位精准度到 10cm，甚至要小于 10cm。其次，高精度地图还要反馈给车辆如道路前方信号灯的状态，判断道路前方的道路指示线是实或虚，判断限高、禁行，等等，所以高精度地图对于车辆的行驶来说要能够反馈准确的信息，来保证车辆安全、正常行驶。

此外，高精地图还需要比传统地图有更高的实时性。由于路网每天都有变化，如整修、道路标识线磨损及重漆、交通标示改变等。这些变化需要及时反映在高精地图上以确保无人车行驶安全。实时高精地图有很高的难度，但随着越来越多载有多种传感器的无人车行驶在路网中，一旦有一辆或几辆无人车发现了路网的变化，可以通过云端通信，把路网更新信息告诉其他无人车，使其他无人车更加聪明和安全。

二、电子地图的概述

（一）电子地图的概念

电子地图即数字地图，是以数字的形式表达地形特征点的集合形态。数字地图种类很多，如地形图、栅格图、遥感影像图、高程模型图、各种专题图等。其

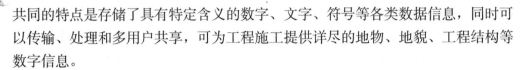

共同的特点是存储了具有特定含义的数字、文字、符号等各类数据信息，同时可以传输、处理和多用户共享，可为工程施工提供详尽的地物、地貌、工程结构等数字信息。

（二）电子地图的特点

由于介质不同，以及自身动态性、交互性、多媒体性等特点，与传统地图相比，电子地图在内容详略程度确定、表现形式、可视化手段和交互方式等方面都呈现出截然不同的特点。

1. 无级缩放、无缝拼接

电子地图可以容纳一个区域内所需要的所有图幅，用户可根据需要，随时调控显示内容的详略程度和无缝浏览所有内容。

2. 交互性

电子地图在制作、管理、使用各环节过程中，实现了一体化。用户利用电子地图方便的人机交互界面，自由组织利用地图数据，对不满意的地方可以实时修改和标注，而纸质地图的各个环节是独立的。

3. 集成化

电子地图在制作过程中，可以简单方便地把重要的参考图形、文字等资料和管理使用的文字、图片及声音赋予当前工作空间内，并合成在一起，极大地提高了制作效率和用户使用兴趣等，可以方便用户更好地了解周围的环境和事物。

4. 动态性

随着计算机技术、可视技术等硬件软件系统的发展，电子地图从二维发展为立体三维、时空四维等，使用户更加容易、直观地看到周围环境和事物，利用电子地图数据发现事物潜在的规律和发展趋势。

电子地图除了以上明显特点外，还具有经济性、安全性、规范化等诸多优点。

三、电子地图的应用

（一）导航电子地图

导航电子地图是指含有空间位置地理坐标，能够与空间定位系统结合，准确引导人或交通工具从出发地到达目的地的电子地图及数据集。所谓 GNSS 车辆导航系统，就是利用接收 GNSS 信号对机动目标进行监控和定位，并根据航迹情况对其运动进行优化和指导的系统。使用车用导航系统可带来缩短行车时间、快速到达目的地、减少能源消耗、保障行车安全等多方面的利益。

1. 应用的分类

导航电子地图在导航中的作用广泛，具体在可视化导航中的应用可以分为以下三种情况。

（1）自主导航系统

由导航设备和电子地图组成，导航设备确定位置，电子地图用于显示、信息查询、路径选取等。

（2）管理系统

由管理中心和移动车辆组成，导航电子地图安装在管理中心，各移动车辆的位置由无线数据传输设备传输到管理中心，管理中心的电子地图用来显示各移动车辆的位置，从而实现对移动车辆的管理。

（3）组合系统

上述两类系统的结合，导航电子地图既配置在管理中心，也配置在移动车辆上。因此，组合系统具有上述两类系统的功能及优点。

2. 车辆定位与导航

车辆定位技术是整个车辆导航系统的基础，系统中几乎所有的功能都以车辆定位的精确度为前提。车辆定位的精确度和实时性直接关系到一个智能交通系统的实用价值和整体性能。由于车辆定位技术在车辆导航系统中具有特殊重要的作用与地位，车辆定位技术一直是各种车辆导航系统研究和开发机构的重点课题。电子地图是 GNSS 导航系统的重要组成部分，它是导航系统与用户的界面，它把接收到的导航定位信号和机动目标行驶范围的地理特征相结合，动态而直观地对目标的运动进行管理和指导，而使用户无须了解接收到的数据的含义就可以方便快捷地使用导航系统。

3. 基于电子地图的 GNSS 导航功能

（1）地图的查询功能

①输入某些条件可进行模糊查询，如某个位置附近的宾馆、银行、超市、加油站等信息；

②可将常去地方的位置信息记录并保存在设备上，就可以和亲朋好友或者其他的用户共享这些地方的位置信息，以便于其他角色方便地寻找自己的兴趣点；

③用户可以在专用设备上搜索或者寻找要去的地方，电子地图上就会显示相应的位置。

（2）路线规划功能

①依据 GIS 软件（例如 Arc GIS），GNSS 导航系统会根据用户设定的起始点和目的地结合当前的电子地图，自动选择一条或几条"最佳线路"，"最佳线路"可以是最短距离、最短耗时、最优路面、最小耗资、最少红绿灯等其中的某个或某几个方面；

②用户可以设定是否要经过某些途径点（例如某些必经站点），优化线路；

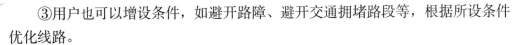

③用户也可以增设条件，如避开路障、避开交通拥堵路段等，根据所设条件优化线路。

（3）自动导航功能

①听觉导航。导航系统通过用语音为驾驶者提示路口转向、道路状况等行车信息，就如同向导告诉驾车人如何驾车去目的地一样。用户无须观看操作终端，可以直接通过语音提示到达目的地，服务更加人性化；

②视觉导航。在操作终端上，会显示地图以及车辆的当前所在的位置、当前的行驶速度、与目的地之间的距离、规划的路线提示、路口转向提示等行车信息，驾驶者可以根据提示了解当前行车路线的最新状况；

③线路的重新规划。当用户设置目的地后，系统会自动提供最佳的规划线路信息。然而，如果用户没有按规划的线路行驶，或者走错路口的时候，系统会语音提示报错或者 GNSS 导航系统也可以以用户的当前位置和目的地为初始条件，重新规划新的线路。

（二）多媒体电子地图

电子地图与多媒体技术的结合，产生了一个新型的地图类型——多媒体电子地图，集文本、图形、图表、图像、声音、动画和视频等多种媒体于一体，是电子地图的进一步发展。它除了具有电子地图的优点之外，增加了地图表达空间信息的媒体形式，以听觉、视觉等多种感知形式，直观、形象、生动地表达空间信息。它可以存储于数字存储介质上，以只读光盘、网络等形式传播，以桌面计算机或触摸屏信息查询系统等形式提供大众使用。

与传统地图相比，多媒体电子地图的空间信息可视化更为直观、生动，信息表现更为多样化，信息内容更丰富，信息更新快捷，使用更加方便。无论用户是否有使用计算机和地图经验，都可以从多媒体电子地图中得到所需要的信息。用户不仅可以查阅全图，也可随意将其缩小、放大、漫游、测距、图层控制、模糊查询、保存地图、调出地图、下载地图和打印地图等操作，使人们感受到地图的奥妙。

（三）三维电子地图

三维数字地图是采用先进的数字高程模型（DEM）技术，将地貌信息立体化，非常直观、真实、准确地反映地貌状况，并可查寻任意点的平面坐标、经纬度和高程值。在地物信息方面，除了提供效果良好的空间数据外，还可根据用户的要求提供丰富的属性数据。三维数字地图由于可以直观地观察某一区域的概貌和细节，快速搜索各种地物的具体位置，因此在土地利用和覆盖调查、农业估产、区域规划、居民生活等诸多方面具有很高的应用价值。目前三维数字地图已经开始出现在网络上,有卫星实景三维地图。

打车软件是一种智能手机应用,乘客可以便捷地通过手机发布打车信息,并立即和抢单司机直接沟通,大大提高了打车效率。如今各种手机应用软件正实现着对传统服务业和原有消费行为的颠覆。

此外,将对打车软件进行规范当打车市场进入"零补贴时代",对于打车软件来说,用户的黏性成为一大考验。作为补贴大战的主角,滴滴打车正在经受着这一挑战。

然而,虽然取消了补贴,但用户对滴滴打车的使用热度依然不减。滴滴打车会受到如此青睐,取决于其对乘客出行习惯和出行方式的成功塑造。

四、打车软件产生背景

2013 年,上海出租行业兴起了一款"手机打车软件",用户在网上下载软件后,输入起点和目的地,自愿选择"是否支付小费",出租车司机则可根据线路、是否有小费等选择接受订单。这种拼小费竞价打车的模式引来了不少质疑声,认为这是变相涨价,并使行业监管出现"灰色地带"。

截止到 2013 年 5 月 7 日,安卓平台上 11 家主流应用商店的打车类软件客户端总体下载量已超过百万,用户主要集中在北上广等一线城市。由于出租车司机与打车者之间信息不对称,导致非高峰时段出租车空载、高峰期和恶劣天气下司机拒载等现象频发,而手机打车软件通过加价等手段,提高了打车成功几率,实现了司机和打车者双赢,因而在大城市日益走俏。

手机打车软件由于正处于探索起步阶段,商业模式尚不明确,导致运营成本较高。特别是由于打车市场的不规范,导致加价策略在某种程度上加剧了原有公共交通资源的分配矛盾,打乱了路边打车和应用订车的公平竞争环境,可能会影响此类打车软件的发展前景。

五、打车软件主要功能

这些软件具备乘客注册、即时约车、订单完成确认、用车评价等基本功能。乘客在线下单后,如 3 分钟内没有驾驶员应答抢单,统一电召平台会将该订单广播到行业手机电召服务平台,这将大大提高手机软件叫车成功率。此外,为了防止"黑车"司机冒名顶替,保证参与手机电召服务的车辆和驾驶员具有行业服务资格,统一电召平台采用行业和企业双重认证模式。乘客手机软件下单后,驾驶员通过车载电召终端和驾驶员客户端手机电召软件进行应答抢单。交通部门提醒,此时上线试运行的手机叫车软件是基于安卓系统,基于苹果手机的叫车软件正在开发测试中。

六、打车软件发展状况

（一）调整补贴

打车软件的"烧钱战"仍在继续，短期未见停火迹象，消费者自然是乐见其成，但无序的竞争，显然不利于整个行业的可持续发展，除了企业自律，也需要政府相关主管部门厘清各种关系，在准入标准、技术标准、服务质量、高峰时期安全性等方面进行相应的规范。

（二）平台对接

2013 年 8 月 20 日，为提升"96106 电召平台"效率和乘客即时叫车成功率，手机叫车软件将与统一电召平台对接。据介绍，首批上线的 4 款叫车软件包括易达打车、嘀嘀打车、摇摇招车等是最早进入北京市场的叫车软件，为体现统一性，每款软件在原名称前加"96106"。

统一电召平台采用行业和企业双重认证模式，这有效避免了"黑车"混入电召行列。统一电召平台的手机叫车软件建立了驾驶员和乘客双方互评机制和信用体系。软件上的订单将与出租汽车调度中心绑定，在统一电召平台上联合调派车辆，无人应答的订单将在各家调度中心之间流转。驾驶员既可以通过智能手机软件应召，也可以通过车载电召终端应答。软件本身绑定的电话召车平台不变，只是会统一上传到 96106 平台上。

交通主管部门相关负责人介绍，乘客下单后，如 3 分钟内没有驾驶员应答抢单，统一电召平台将会联合调派，提高成功率。而一家软件叫车公司负责人说，平台统一后，"可能出现乘客明明通过 A 软件下单，而经一番调度后，最终接单司机是 B 公司用户"。

（三）停止补贴

嘀嘀打车也在 3 月 4 日、7 日、11 日和 17 日连续四次下调补贴金额，补贴金额从最初的每单 13 元以上降至每单 5 元以上，司机的补贴仍在每单 5 元。据了解，嘀嘀、快的两大打车软件背靠腾讯和阿里巴巴两大金主在两个月内疯狂烧掉 15 亿。但也都交上了一份亮眼的"成绩单"：截至 3 月份，两大打车软件公司的统计数据显示，嘀嘀打车注册用户 8 260 万，司机 83 万，日订单数 1 500 万单；快的方面注册用户超过 9 000 万，司机 80 万，日均订单 1 200 万单。因此，业内人士纷纷表示打车补贴的使命或已完成，取消打车补贴只是时间问题。

七、打车软件让出行更便捷

近年来，随着移动互联网的快速发展，一部分打车软件如"滴滴出行""神州专车"等逐渐兴盛，越来越多的私家车车主注册为在线司机，同时也存在很多出租车司机，毋庸置疑的是新媒体的发展正在悄然无声地改变着私人交通领域。创新的交通软件提供了多样化的出行方式，提高了居民出行效率，优化了社会资源配置，有利于城市交通问题的缓解和解决。

新媒体时代下，打车软件的出现很大程度上改变了出租车市场上的混乱局面，同时也让出租车司机受到了前所未有的威胁，从而由以前的拒载、挑活变为主动地揽活，违规行为也随之降低。当然由于打车软件发展时间较短，软件本身还需要不断升级完善，同时由于打车软件公司之间会存在激烈竞争，将会带来很多不可避免的问题，但是无可非意的是新媒体已经实实在在地影响了交通市场。

（一）滴滴出行

滴滴打车是我国第一家使用移动互联网技术和新型网络智能叫车系统的应用类软件。起初与北京出租车调度中心96106进行合作，继而与高德地图，百度地图进行了战略合作，实施与地图类应用共同合作联运的新模式。目前，滴滴打车已经成为全国最大的打车软件平台，每天为全国超过1亿的用户提供便捷的召车服务和更加本地化的生活服务。2013年年底开始，滴滴打车独家接入微信平台，并支持通过微信实现约车功能和支付功能。

"滴滴出行"App改变了传统打车方式，建立并培养出移动互联网时代引领的用户现代化出行方式。一方面提高了出租车运营效率，最大限度地利用资源，解决了"打车难"问题；另一方面减少了由于司机、乘客缺乏沟通交流的平台、信息不对称等造成的"空车扫街"情况。比较传统电话招车与路边扬手招车来说，滴滴打车的诞生改变了传统打车市场格局，颠覆了路边拦车概念，利用移动互联网的特点，将线上与线下相融合，从打车初始阶段到下车线上支付车费，画出一个乘客与司机紧密相连的O2O闭环，最大限度地优化了乘客打车体验，改变了传统出租司机等客方式，让司机师傅根据乘客目的地按意愿"接单"，节约了司机与乘客的沟通成本，降低空驶率，最大化的节省司乘双方资源与时间。

然而，打车软件在使用过程中遭遇成长的烦恼，由于使用双方缺乏制约措施，"打车神器"屡遭爽约。另外，打车软件的风带动了大批的黑车浑水摸鱼，并助推了出租车变相加价与挑客现象。尽管如此，打车软件仍被视为移动互联网商业模式最值得期待的服务类应用程序之一。一时间，各路资本瞄准这一市场，各种各样功能类似的打车软件相继涌现，软件之间的竞争不断升级。

2015年9月，滴滴与宇通合作，着手打造互联网巴士生态。2016年1月26

日，滴滴出行与招商银行联合宣布双方达成战略合作，双方将在资本、支付结算、金融、服务和市场营销等方面展开全方位合作。这是第一次，也是第一家商业银行通过与移动互联网公司合作进入移动支付场景领域。2016 年 8 月 1 日，滴滴出行宣布与 Uber（优步）全球达成战略协议，滴滴出行将收购优步中国的品牌、业务、数据等全部资产并在中国大陆运营。这一里程碑式的交易标志着中国共享出行行业进入崭新的发展阶段。

目前，滴滴正在尝试由单一的移动出行工具向移动出行平台转变，建立起一个涵盖出租车、商务专车、代驾、合乘拼车、智能公交和城市物流等综合性的城市交通服务平台，连接起人、交通工具及服务等信息与资源，并通过大数据为供需双方提供智能化的匹配方案，提高整个城市交通运行效率，最终达到挖掘出行需求，释放市场空间，做大城市交通这个蛋糕，服务上亿用户出行的目的。

说到二手车，大家的印象或许还停留在那些堆积在垃圾场里的废弃车辆的样子，现在的二手车可不是那个样子了。不少喜欢车子的朋友总是会在换新车的同时把旧车放到二手车市场上出售，而其他的各种原因，如因资金周转等情况出售的车辆，都属于二手车的范围，基本上都是九成新或八成新，甚至还有全新的。而且随着国内对于车辆需求的增大，二手车市场的盘子也跟着变大了，于是各家业界巨头纷纷搭建自家的二手车交易市场。近些年，随着二手车软件如雨后春笋般地涌现，人们可以足不出户便可了解到许多二手车信息。比较出名的有优信二手车、58 同城二手车、百姓网二手车、赶集网二手车等平台。而随着移动化浪潮的到来，各家二手车交易平台纷纷推出自家的二手车 App，希望能够在这场盛宴中分上一杯羹。二手车 App 除了提供大量的二手车车源之外，还会提供该二手车的详细信息，从售价、外观、车型、品牌、维修记录等各个方面为用户提供购买时的参考依据。此外，还与保险公司合作，针对在平台上出售的二手车提供销售保险等服务。

但目前，许多二手车商往往会根据买方的心理进行造假，导致车子的价格上调，进而欺骗了消费者，许多消费者不明就里上当受骗。调低真实里程数、隐瞒事故车真相等现象在以前的二手车市场上层出不穷，目前在规范的二手车市场会相应好很多，但是在一些偏僻的二手车市场，这种现象还是时有发生。随着二手车软件的增多，竞争刺激了行业内的规范化，但目前仍缺少二手车鉴定评估科学标准，这是二手车交易中的核心环节。此外，目前二手车市场还面临售后保障机制不完善和收费规定政策缺失等问题。

（二）减少迷路的尴尬——地图导航

个人交通方面，除去与汽车等市场相关的消费应用网站和软件，最为直接的新媒体应用就是导航软件。导航软件作为传统的交通应用，在与移动互联网的结合之下，爆发出旺盛的生命力。手机与位置信息有密切的关系，手机地图不仅可以成为衣食住行等一系列生活服务的入口，也可以衍生出众多移动应用，成为基于用户位置与线下商户之间关联的各种O2O应用的平台。百度的拳头产品——百度地图，在为用户提供导航功能的同时，将众多营销方式与商户直接对接。百度从地图当中获得的收获要远远大于地图对交通的服务。

在2013年百度世界大会上，百度CEO李彦宏曾多次提到了LBS对百度的重要性，因为百度地图已经从单一的出行工具变成了一个生活服务平台。阿里巴巴以11亿美元收购高德公司72%股份。腾讯高价收购地图数据提供商四维。BAT将在地图搜索、产品商业化、数据共享、云计算等领域展开合作。

腾讯地图的基础数据服务大部分已经切换成全景地图提供的基础数据库。全景地图的数字地图产品已全面覆盖所有高速公路、国省道、县乡道路，实现了全国所有省、市、县、乡、村的无间断引导。从中国互联网三大巨头对地图软件的投资可见，地图软件在下一步的O2O战略布局当中，将起到非常重要的作用。

（三）方便远程出行——在线购票

机票、车票的预订和销售是互联网在交通上渗透率最高的领域，主要体现在两个方面。第一，我国飞机票在线预订业务发展十分迅猛，目前，该领域既有"携程""同程""艺龙"等老牌OTA企业，又有"去哪儿""阿里旅行"等新兴的平台类企业，同时航空公司也在不断加强直销能力。激烈的市场竞争，在为消费者提供多元化渠道购票服务的同时，倒逼着行业佣金费率不断下降，给消费者带来极大的便利和实惠。第二，在火车票的在线预订方面，自2011年6月12306网站正式上线以来，给我国乘坐火车出行的旅客的购票带来极大的便利。

八、打车软件：智慧出行下的网约车

打车软件是一种智能手机应用，乘客可以便捷地通过手机发布打车信息，并立即与抢单司机直接沟通，大大提高了打车效率。如今各种手机应用软件正实现着对传统服务业与原有消费行为的颠覆。

网约车行业的几个用户量较大的平台滴滴出行、神州专车、易道、首汽约车等都有其各自的用户群体、发展模式。2010年最早的网约车易道上线，2012年滴滴上线之后，网约车开始逐渐渗透全网。早年的网约车市场由滴滴打车和快的打车两雄争霸，随着（前）Uber在2014年2月的入局，网约车市场迎来了一轮爆发式的扩张和洗牌，最终以快的和Uber先后被滴滴收购而告一段落。

现在，易到用车满血复活，首汽约车携政策优势攻城略地，神州专车高端市场领先滴滴，曹操专车来势汹汹，甚至美团也高调地进入网约车市场，而目前全国获得网约车牌照的平台已经达到25家。截至2017年12月，中国仅网约专车和快车用户规模已超 2 亿，整体增速迅猛。其中，网约车用户（不含网约出租车）规模增长了 40.6%，网约出租车用户规模增长了 27.5%。网约车市场的竞争，虽然没有了发展初期烧钱补贴的疯狂，但硝烟一直弥漫在一二线城市的战场。

网约车行业目前主要的经营模式是 B2C 和 C2C，但大部分网约车平台并不拘泥于其中一种模式。比如，滴滴出行涉及的领域就有快车、专车、出租车、单车等多个板块，满足用户在不同使用场景下的出行需求，而其他的网约车 App 则更专注于垂直细分领域。

此外，滴滴出行等网约车平台正在加大对 AI 交通技术的投入，加速推进国际化包括新能源汽车服务在内的创新业务。发展智能交通技术或将是网约车行业未来一段时间的必然趋势。

第三节　数字助理

档案馆的发展趋势必将是"智能数字档案馆"。智能数字档案馆包含硬件智能化和软件智能化两部分。智能数字档案馆的建设只有采用统一的模块化硬件和软件架构并引入人工智能技术，才能使各子系统成为一个统一的整体，从而提高控制和管理系统的容错性、可靠性、稳定性和高效性，并具有智能成份，这是智能数字档案馆所追求的目标。

一、人工智能在智能数字档案馆建设中应用的可行性

（一）技术上的可行性

1956 年 Dartmouth 学会上首次提出"人工智能"一词，二十世纪七十年代以来被称为世界三大尖端技术之一（空间技术、能源技术、人工智能），也被认为是二十一世纪（基因工程、纳米科学、人工智能）三大尖端技术之一。国际上涌现了大批人工智能研究项目，研究者们发展了众多理论和原理。关于人工智能的软、硬件产品的出现，为人工智能在档案领域的应用提供了技术上的支持。

（二）实践上的可行性

目前人工智能已在机器视觉、指纹识别、人脸识别、视网膜识别、虹膜识别、掌纹识别、知识处理、自然语言处理、专家系统、智能搜索、定理证明、博弈、自动程序设计、知识库、智能机器人等多个领域取得举世瞩目的成果，并形成了多元化的发展方向。另外目前我国的各级档案馆正在进行数字化建设，大部分档案馆已经拥有了信息化建设的基本设施，国家也颁布了一系列的技术标准，这些都为人工智能在档案领域的应用提供了实践上的可能。

（三）经济上的可行性。目前国家正在启动

"金档工程"等大型攻关项目，有望投资 5 亿元，将全国 3000 个档案馆的图文资料进行数据处理，建立第一个国家级档案数据库。"金档工程"的实施将促进电子文件管理国家战略的全面实施。这在经济上为人工智能在档案领域的应用提供了可行性。

二、人工智能在智能数字档案馆建设中应用的必要性

21 世纪是知识爆炸的时代，是信息化、数字化的时代，也是档案量激增的时代，这就意味着传统的档案管理方法必须通过改革来适应时代发展的要求。

目前，我国各级档案馆大部分都已经开始了数字档案馆的建设，但是现在的大部分数字档案馆建设只是停留在馆藏档案数字化，有个别档案馆建成了电子文件自动归档系统。这些系统只是停留在收集与之对接的办公自动化系统中的电子文件，然而网络中存在大量需要归档的电子文件，这就需要投入大量的人力来收集这些电子文件并归档，随着时代的发展和社会的进步，电子文件的数量将呈爆炸式增长，到那时电子文件的收集就不可能由人完成，必须依靠计算机来做这项工作。因此，智能数字档案馆的建设势在必行，智能数字档案馆可以使档案的收集、整理、归档、利用等都由计算机自动分析并处理，这样不但可以为档案馆节省大量的劳力。在不增加投资的情况下，档案馆就可以高速、高效地为社会服务，而且可以使档案馆能够适应时代发展的需要。

三、人工智能技术在智能数字档案馆建设中

（一）专家系统技术在智能数字档案馆中的应用

进入新世纪以来，知识库专家系统和知识工程成为人工智能领域最有实践意义的成果，已开始大量商品化。专家系统是一组程序软件，是一个基于知识的智能推理系统，通过收集某一领域专家的知识，模仿人类专家思维活动、推理判断，以推理计算模型模拟人类专家分析处理一些需要专家知识方能解决的复杂问题，它处理的问题是本领域的专家才能解决的复杂问题并得出和人类专家一样的结论。由于专家系统吸收了众多领域的大量的经验知识，因而在某些方面甚至可能会超过人类专家。一般来说，专家系统＝知识库＋推理机，因此专家系统也被称为基于知识的系统。一个专家系统必须具备三要素：领域专家级知识；模拟专家思维；达到专家级的水平。

这样在智能数字档案馆的建设过程中就可以引入基于控制专家的专业知识和实践经验的专家控制系统。采用知识表达技术，建立知识模型和知识库，利用知

识推理，制订控制决策。为智能档案馆的设备自动化系统，包括强电设备控制自动化、安全防范自动化、消防自动化、温湿度控制自动化、库房控制自动化等，提供最优控制、决策支持。专家控制系统的设计，改变了过去传统的控制系统设计中单纯依靠数学模型的局面，使知识模型与数学模型相结合，知识信息处理技术与控制技术相结合。另一方面，专家系统也可以应用于智能档案馆的档案管理系统中，通过设置知识库和数据库，使电子档案的收集、归档、利用等管理与服务实现完全智能化。

（二）人工神经网络技术在智能数字档案馆中的应用

人工神经网络（Artificial Neural Net-works，ANN）是模拟人脑工作机制的一种计算模型，它是由非线性处理单元组成的非线性大规模自适应系统，以类似于人脑神经网络的并行处理结构进行信息处理，同传统的符号处理方法相比具有以下特点：

1. ANN 采用分布式存储方法表示知识，通过有效的学习算法，从实例和相应的理解中获得知识，并将知识隐含在 ANN 的神经元和连接权重之中；

2. ANN 对知识处理采用并行处理方式，不像传统方法那样对规则进行串行匹配和推理，对于前向网络，能对给定的输入模式，在输出层各单元产生出相应的输出，完成并行推理；

3. ANN 能完成复杂的非线性映射，是目前较为理想的非线性估计器，并且能够自主适应学习，使网络表现出抽象思维能力，并完成联想推理。

人工神经网络在建筑系统建模、学习控制、优化等方面取得了成功。已应用于语音识别、模式识别、最优计算、信息智能处理、复杂控制、图像处理等领域。随着档案馆功能的不断增强，在馆内安装的电气设备愈来愈多，设备能耗也越来越大。要管理好一个现代化的档案馆，使安装的设备能可靠、安全、协调、经济地运行，这就对档案馆设备自动控制水平、控制设备功能、快速响应的能力和运行管理水平提出了更高的要求。而具有学习与自适应能力的人工神经网络在控制方面能提供监督与非监督训练。前者包括训练输出输入集合和神经元加权系数的调节；后者包括分类与自组织，为这些复杂控制提供了可能。因此，可将人工神经网络技术用于智能数字档案馆设备的实时信号检测、控制、保护（如故障诊断）、调节，从而有必要研制具有自学习、自适应、自组织功能的新概念的智能档案馆设备自动化控制系统。

（三）智能决策支持系统在智能数字档案馆中的应用

随着数据库技术、网络技术以及计算机运算能力的快速发展，基于数据库的控制已成为可能，特别是随着分布式数据库和数据仓库技术的日益成熟，在档案馆智能化系统集成时引入智能决策系统，可使智能档案馆真正实现智能化。智能决策支持系统是近年来计算机技术、人工智能技术和管理科学相结合的一种新的管理信息技术。它是以管理科学、运筹学、控制论行为科学为基础，以计算机技术、信息技术为手段，面对半结构化和非结构化的决策问题，帮助中、高层决策者进行决策活动，为决策者提供决策所需要的数据、信息和资料，帮助决策者明确决策目标和对问题的认识，建立和修改决策模型，提供各种备选方案，并对各种方案进行优化、分析、比较和判断，帮助决策者提高决策能力、决策水平、决策质量和决策效益，以达到取得最大经济效益和社会效益。

智能数字档案馆系统集成是为了满足档案馆的现代化管理而提出的。通过系统集成采用统一的模块化硬件和软件结构，就能使管理人员方便地掌握操作技术和维修管理技术，这是所有独立子系统都无法做到的。因而，从绿色和可持续发展的角度看，把控制和管理相结合，扩展智能化系统的内容和内涵是档案馆智能化的发展方向。因而智能数字档案馆系统集成的一个核心内容就是应用智能决策支持系统的技术设置来管理系统，以提高整个档案馆的监控管理效率，提高档案馆投资的产出投入比。

（四）数据挖掘技术在智能数字档案馆中的应用

数据挖掘又称数据库中的知识发现（Knowl-edge Discovery in Database，KDD），是 20 世纪 90 年代初期新崛起的一个活跃的研究领域。在数据库基础上实现的知识发现系统，通过综合运用多种学习手段和方法，从大量的数据中提炼出抽象的知识，从而揭示出蕴涵在这些数据背后的客观世界的内在联系和本质规律，实现知识的自动获取。

目前的数据库系统虽然可以高效地实现数据的录入、查询、统计等功能，却很难发现数据中存在的关系和规则，无法根据现有的数据预测未来的发展趋势。于是，人们利用数据库存储数据，采用机器学习的方法来分析数据，挖掘大量数据背后隐藏着的重要信息和知识。这两者的结合促进了数据库中数据挖掘技术的产生和发展，实现了对数据库海量信息的更高层次的分析。随着数据挖掘技术的逐步发展和完善，必将在档案领域中发挥巨大作用。

数据挖掘在档案领域的应用有其自身的优势，因为档案领域收集到的数据一般是真实可靠、不受其他因素影响的，而且数据集的稳定性较强，这些对挖掘结果的维护、不断提高挖掘模式的质量都是非常有利的条件。

随着科学技术日新月异地发展，人类社会已走向信息时代。各种新技术、新设备的大量出现和应用，正悄悄地改变着人们的思维方式和工作方式。加强人工智能技术在智能数字档案馆中的应用，一定会使档案馆早日成为高速度和高质量的信息提供中心。因此，人工智能技术在智能数字档案馆建设中的应用必将成为档案界研究的重要课题。

第四节　智能机器人

一、智能机器人的定义

人们通常从广泛意义上将智能机器人理解成一个独特的可以进行自我控制的"活物"。其实，这个自控的"活物"的主要部件远没有人体器官那样微妙复杂。智能机器人具备形形色色的内部传感器和外部传感器，如视觉、听觉、触觉、嗅觉。除了具有感受器外，它还具有效应器，作为应用于周围环境的手段，这些"筋肉"能使"手、脚、长鼻子、触角"等动起来。

智能机器人甚至能够理解人类语言，用人类语言同操作者直接对话，在它自身的"意识"中单独形成了一种使它得以"生存"的外界环境——实际情况详尽模式。它能实时分析和理解内外环境，能拟定所希望的目标动作，并在信息不充分和环境迅速变化的条件下完成这些动作。当然，要它和我们人类思维一模一样，目前这是不可能办到的也是难以想象的。有人试图建立计算机能够理解的某种"微观世界"，比如维诺格勒在麻省理工学院人工智能实验室里制作的机器人，这个机器人试图完全学会玩积木：积木的排列、移动和几何图案结构，在这一方面达到一个小孩子的智力程度，该机器人能独自行走和拿起一定的物品，能"看到"东西并分析看到的东西，能服从指令并用人类语言回答问题，更重要的是它具有了一定的"理解"能力。据此有人预言，不到十年我们就能把电子计算机的"智力"提高 10 倍。

根据目前的技术进展和研究理解，智能机器人是能够自主感知环境、自主逻辑判断、自主控制执行和自主学习的机器，服务于直接和间接掌控智能机器人技术的人群，即使未来可能被赋予一定的自我意识和情感意识，可以自我复制、自我修复，它仍然只能活动在不断进化、不断创新的人类的影子中，脱离人类控制实现自我进化仍然是难以想象的事情。

二、智能机器人的具体应用

智能机器人在具体应用中分为工业机器人和服务机器人。

（一）工业机器人

工业机器人可以代替人工完成各类繁重、乏味或有害环境下的体力劳动，最大限度减少人工参与，提高生产效率。

工业机器人是一种通过编程实现自动运行，具有多关节或多自由度，并且具有一定感知功能的机械工具，能实现对环境和工作对象的自主判断和决策。工业机器人应用领域由汽车、电子、食品包装等传统领域逐渐向新能源电池、环保设备、高端装备、生活用品、仓储物流、线路巡检等新兴领域加快布局。适用于多品种、变批量的柔性生产，使产品定性和一致性方面有显著提升。

（二）服务机器人

服务型智能机器人的发展将对人们未来生活的以下四个方面产生重大影响。

1. 人口老龄化问题

全球人口的老龄化将给社会带来大量问题，如社会保障和医疗服务、护理的需求更加紧迫等，但现实中医疗护理人员的数量却明显不足。在这种激化的冲突之中，服务机器人作为最佳的解决方案有巨大的发展空间。

2. 劳动力供给不足问题

由于发达国家的劳动力成本不断上涨，而且人们却不愿意从事清洁、护理、保安等简单重复性高的工作，导致从事这类工作的人越来越少，形成了巨大的人员缺口，因此劳动力不足为服务机器人带来了巨大的发展市场。

3. 幸福生活指数提升问题

随着经济发展水平的提升，人们可支配收入增加，为了提升生活的幸福指数，获得更多的空闲或者娱乐时间，人们愿意购买更多的服务机器人，让机器人替代人去做各种家务劳动。

4. 科技水平发展问题

随着物联网感知技术、移动互联网无线通信技术以及大数据挖掘和人工智能技术的成熟，智能机器人更新换代的速度越来越快，成本也在不断下降，能实现的功能也将越来越多。

未来随着技术的发展，智能机器人将遍及社会各个角落，每个人都能感受到智能机器人应用给人们生活上带来的便利。

三、智能机器人的未来与发展趋势

现阶段，机器人的研究正进入第三代——智能机器人阶段。目前，虽然国内外针对智能机器人的研究已获取了诸多成果，但智能机器人的智能水平仍有很大的发展空间。各国纷纷制定了其智能机器人的发展计划。

（一）各国发展计划

美国作为最早开发及应用机器人的国家，其智能机器人技术在国际上一直处于领先水平。近年来，美国先后制定和发布了多项与机器人发展相关的战略计划。2016 年，推出了"机器人路线图"最新版本，对无人驾驶、人机交互、陪护教育等方面的机器人应用提出了指导意见；同年，又推出"国家机器人计划2.0"，致力于打造无处不在的协作机器人，让协作机器人与人类伙伴建立共生关系。

在欧洲，机器人技术创新一直是欧盟数字议程、第七研发框架计划和 2020 地平线项目资助的重点优先领域。2014 年欧盟启动了"欧盟机器人研发计划"，这是世界上最大的民间自助机器人创新计划，计划到 2020 年投入 28 亿欧元。这项计划集合 200 多家公司、1.2 万研发人员参与，目的是在制造业、农业、健康、交通、安全和家庭等领域推广应用机器人。

日本作为机器人第一大国，于 2015 年发布了《机器人新战略》，旨在将机器人与计算机技术、大数据、网络、人工智能等深度融合，在日本积极建立世界机器人技术创新高地，营造世界一流的机器人应用社会，引领新时代智能机器人发展。

在韩国，智能机器人被视为 21 世纪推动国家经济增长的十大"发动机产业"之一。韩国知识经济部于 2013 年制订了《第 2 次智能机器人行动计划（2014—2018 年）》，到 2018 年韩国机器人国内生产总值 20 万亿韩元，挺进"世界机器人三大强国行列"。

自 2013 年以来，中国已成为全球最大的机器人市场。根据工信部的部署，下一阶段相关产业促进政策将着手解决两大关键问题：一是推进机器人产业迈向中高端发展；二是规范市场秩序，防止机器人产业无序发展。2016 年 12 月 29 日，工信部、发改委、国家认监委联合发布了《关于促进机器人产业健康发展的通知》，旨在引导我国机器人产业协调健康发展。与此同时，工信部制订了《工业机器人行业规范条件》，以促进机器人产业规范发展。

（二）发展方向

在各国智能机器人发展计划的指导下，智能机器人的发展方向呈现出以下特点：

1. 面向任务的智能机器人受到青睐

由于目前人工智能还不能提供实现智能机器的完整理论和方法，已有的人工智能技术大多数要依赖专业领域知识。因此，当我们把机器要完成的任务加以限定，即发展面向任务的特种机器人时，已有的人工智能技术就能充分发挥作用。

2. 传感技术和集成技术相结合

在现有传感器的基础上发展更好、更先进的处理方法和实现手段，或者寻找新型传感器，提高集成技术水平，增加信息的融合十分必要。

3. 智能机器人网络化

通过互联网技术把各类智能机器人连接于电子计算机网络之中，通过对网络的调节，达到对智能机器人控制的目的将是今后的一个方向。

4. 更多使用智能控制方法

与传统的计算方法相比，以模糊逻辑、基于概率论的推理、神经网络、遗传算法和混沌理论为代表的软件计算技术具有更高的鲁棒性、易用性及计算的低耗费性。将它们应用到机器人技术中，可以提高问题求解的速度，较好地处理多变量、非线性系统的问题。

5. 机器学习算法深入其中

各种机器学习算法的出现推动了人工智能的发展，强化学习、蚁群算法、免疫算法等可以用到机器人系统中，使其具有类似于人的学习能力，以适应日益复杂的、不确定和非结构化的环境。

6. 智能人机接口需求升级

人机交互技术越来越向简单化、多样化、智能化、人性化的方向发展，因此需要研究并设计各种智能人机接口，如多语种语音、自然语言理解、图像识别和手写字识别等，以便更好地适应不同用户和不同应用任务的需要，提高人与机器人交互的和谐性。

7. 多机器人协调作业趋势明显

组织和控制多个机器人来协作完成单机器人无法完成的复杂任务，在复杂未知的环境下实现实时推理、反应以及交互的群体决策和操作十分必要。

总之，由于现有智能机器人的智能水平还不够高，因此在今后的发展中，努力提高各方面的技术及其综合应用，大力提高智能机器人的智能程度，提高智能机器人的自主性和适应性，是智能机器人发展的关键。同时，智能机器人涉及多个学科的协同工作，不仅包括技术基础，也包括心理学、伦理学等社会科学。最终目的是让智能机器人完成有益于人类的工作，使人类从繁重、重复、危险的工作中解脱出来，就像科幻作家阿西莫夫所提出的"机器人学三大法则"一样，让智能机器人真正为人类服务，而不能成为反人类的工具。相信在不远的将来，各行各业都会出现各种各样的智能机器人，科幻小说中的场景将在科学家们的努力下逐步变成现实。

（三）智能机器人的发展趋势

通过对智能机器人关键技术的分析，可以预测未来的发展方向，目前主要有以下三个发展方向。

1. 关键部件和核心技术的发展

在一些核心技术上机器人的标准化发展。例如，仿真功能、方向感知、心情

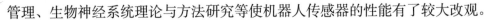

管理、生物神经系统理论与方法研究等使机器人传感器的性能有了较大改观。

2. 机器人网络化

机器人网络化是未来机器人技术发展的重要方向之一。一方面,利用互联网技术对机器人实现联网操作,并通过网络对其进行有效控制,实现多机器人协作,能够更快、更好地完成任务。另一方面,在一些相对复杂的环境条件下,实现对计算机的远程网络控制,作业项目能靠多台机器人协同完成。

3. 更好的交互方式

人类与机器人的交互需要更加简单化、多样化、人性化、智能化,因此需要研究设计自然语言、文字语言、图像语言、手写字识别等,采用更加人性化的方式与用户互动交流,保证人与机器之间信息交流的协调性。

第三章 人工智能与电子信息技术的应用范围

第一节 人工智能与电子信息技术在网络安全中的应用

电子信息技术在运行过程中主要是以计算机网络技术为基础，进而对电子信息实施相应的管理与控制，同时发挥一定的保护作用。然而在实际应用的过程中，电子信息技术会出现技术使用、系统运行以及相关人员维护等方面的应用问题，进而对信息网络安全产生严重的影响。因此，相关人员必须进一步优化电子信息技术在网络安全中的应用成效，通过一系列应用策略实现网络安全运行水平的显著提升。

一、电子信息技术概述

总的来说，电子信息技术在应用的过程中主要体现出 4 个方面的特点：第一，电子信息技术借助信息系统可以在短时间内实现对信息的收集与处理，从而大大提升了信息传播的便捷程度。相较于传统的信息传播模式，电子信息技术的引入在信息处理的规模与质量上都体现出巨大的飞越；第二，在以往人工处理信息的过程中，信息处理的准确性往往会受到多种因素的影响，而电子信息技术的应用可以最大限度地保证信息处理的准确性；第三，电子信息技术在进行信息处理过程中往往会涉及各行各业，这种全行业的覆盖也在很大程度上确保了大数据分析的有效开展；第四，随着计算机网络技术的不断发展，电子信息技术在各个方面的优势将体现得更为明显，进而在社会经济发展中发挥出至关重要的作用。

二、当前电子信息技术在网络安全中的应用阻碍

（一）技术使用方面

电子信息技术的发展给人们的生活带来了极大的便利，但也会带来一定的阻碍，部分不法分子会利用电子信息技术的优势对政府企业的信息系统进行攻击，从而对有关用户的信息传递造成阻碍。与此同时，黑客的入侵不仅会影响用户正

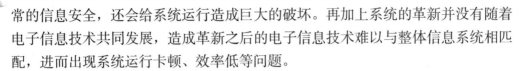

常的信息安全，还会给系统运行造成巨大的破坏。再加上系统的革新并没有随着电子信息技术共同发展，造成革新之后的电子信息技术难以与整体信息系统相匹配，进而出现系统运行卡顿、效率低等问题。

（二）系统运行方面

计算机技术的应用对企业经济效益的提升起到了重要的作用，但与此同时也会存在一部分技术上的网络安全隐患，由于部分企业对技术故障的修复流程并不熟悉，进而给了不法分子以及黑客可乘之机。信息窃取不仅会阻碍整体企业的信息安全，还会带来不可估量的财产损失，对企业的可持续发展造成影响。

（三）相关人员维护方面

电子信息技术在安全维护方面的问题主要涉及以下3个方面：第一是缺乏完善的网络安全管理制度，造成信息采集、处理过程混乱等问题；第二是没有健全的安全维护方案，一旦出现问题无法在第一时间给出有效的解决措施；第三是相关技术人员缺乏足够的网络安全维护意识，没有做好相关信息系统的安全维护工作。

三、电子信息技术在网络安全中的实际应用

（一）设备研发领域

电子信息技术的实际应用很大程度上体现在设备研发领域，在信息技术应用水平不断提升的今天，电子信息工程的开展体现了对计算机网络技术不断增强的依赖性。在进行设备研发的过程中，充分发挥电子信息技术的相关优势可以更好地从用户需求的角度出发，最大限度地提升用户的满意程度。以工程系统的升级为例，通过设备研发有效提升用户的感知体验，从而更好地发挥电子信息技术的积极效用。由此也可以看出，电子信息技术在设备研发领域发挥出了十分关键的作用，同时相关技术的应用也为提升电子设备质量以及提升设备运行效率奠定了坚实基础，为信息工程的稳定发展提供强有力的促进作用。

（二）信号传输领域

在信号传输领域，最为常见的电子信息技术就是广域网技术。作为现阶段最为重要的互联网技术之一，广域网技术的合理应用可以有效突破当前信息传输的局限，进而获取更为广阔的适用范围。电子信息技术在信号传输领域最为突出的优势在于可以打破了传统模式下的限制和制约，为信息的传递和使用开拓了更为广泛的空间。例如将相关技术应用到企业的信息交互中，这样不仅可以实现企

业内部上下级之间的无障碍沟通，还可以使本企业与其他企业进行有效的互通交流，从而有效打破了时间和空间上的障碍，为推进全球范围内的经济往来奠定了重要基础。特别是在我国当前的互联网环境下，面对着移动互联技术的持续发展，相应的技术需求也逐步呈现出复杂化与多元化的趋势，只有进一步确保计算机互联网技术的发展，才能有效提升信号传输过程中的稳定性与安全性。

（三）信息共享领域

随着电子信息技术的持续发展，信息共享领域呈现出了新的态势，在高度共享的环境下，凭借互联网信息技术成了最具潜力以及发展前景的优质资源之一，因此在未来发展的过程中，如何在当前的基础上进一步提升信息的利用率、完善信息的共享机制成了需要首先思考的问题。就当前的发展情况来看，电子信息技术在信息共享领域的作用主要体现在两个方面：一方面是在开展互联网安全管理的过程中能够有效保障信息内容的安全保护，同时还可以凭借大数据云服务器功能实现信息的储存与备份，最大限度地维护了信息的安全；另一方面是推动了信息解读方法的多元化发展，在互联网技术的作用下，信息传播可以有效打破传统传播环境下的时间、空间制约，进而实现高效共享的目的。

（四）安全维护领域

随着电子信息技术的不断发展，人们对信息安全予以了更高的关注程度，在这样的背景下，部分不法分子为了获取更高的经济效益对信息进行窃取与泄露，或者是部分黑客对系统进行攻击，造成很多重要信息的丢失与泄露，这样的不法行为都会对信息的传播与应用产生十分不利的影响，因此完善电子信息技术的安全防护作用成了当前发展电子信息工程的重要内容之一。在一系列安全维护措施当中，安装网络安全软件是其中最为常见也是最为有效的策略，通过充分发挥安全软件在病毒查杀、设置防火墙等方面的作用可有效提升电子信息工程的安全防护水平。除此以外，电子信息技术的应用还可以有效通过强化信息系统访问权限来达到规避风险的目的，最大限度地做到防患于未然，保证信息的传输安全。

四、优化电子信息技术网络安全应用的有关举措

（一）严格开展身份信息核实

为了确保用户在使用电子信息技术过程中的个人信息安全，必须进行严格的身份认证，进而最大限度地避免被不法分子以及黑客窃取。在进行个人信息保护的过程中，相关技术人员应针对用户个人名义建立相对应的信息防护，同时加强对身份的核实，从而使得用户与网络之间的联系更为紧密，完善对用户信息的管

理与掌握。

（二）发展电子信息技术创新

电子信息技术在发展的过程中很大程度上依赖于科学技术水平的发展，因此在应用电子信息技术的过程中，应充分结合当前发展的实际需求，建立科学的信息技术完善体系，这样不仅可以推动相关技术的全方位发展，也有助于提高电子信息技术的利用效率，进一步推动经济效益的持续增长。相关部门在条件允许的情况下可以建立专门的技术研究平台，从而推动电子信息核心技术的稳定发展。同时值得注意的是，在进行电子信息技术创新的过程中也要结合当前社会发展的实际情况，只有在需求的前提下进行发展，还能开辟出更为广阔的空间。

（三）加强信息的加密处理

通过电子信息技术实施，信息数据的加密处理是提升信息数据安全性的重要手段，进而有效为基本数据提供安全保障，最大限度地避免信息泄露、丢失等问题的出现。同时，为了进一步提升信息的安全保障，相关部门可以通过信息加密处理将原有的可见信息转换成为不可见信息，其后再将不可见信息设置为只可以通过密钥进行读取，进而有效提升数据信息的安全性。像这样多层次多级别的数据信息加密可以显著提升电子信息技术运行以及信息系统管理的安全系数。

（四）提升相关人员安全意识

相关技术人员是参与电子信息技术应用的一线人员，因此，安全意识将对相关技术的应用效果产生直接的影响。为进一步提升电子信息技术的安全程度，应不断培养相关技术人员的安全意识，通过建立严格的网络安全维护管理机制，实现信息技术安全管理水平的有效提升。一方面可以组织相关技术人员进行专门的网络安全技术培训，提升其对专业技术知识与风险防范技术的掌握能力，进而可以保证在出现问题的第一时间就可以提出有效的解决措施；另一方面是成立专门的网络安全维护小组，小组主要由专业能力较强以及经验丰富的技术人员组成，进而有效提升风险的防范水平。

综上所述，电子信息技术的合理运用在提升网络安全标准、维护信息安全等方面都发挥了十分关键的作用，进而对人们生活的方方面面都产生了深远的影响。因此在实际应用的过程中，应进一步加速发展电子信息技术创新，同时积极开展身份信息核实以及信息加密处理，有效提升相关技术人员的安全意识，为提升电子信息工程的工作质量奠定基础，进而最大限度地为我国网络安全领域的发展注入新的活力。

第二节　人工智能与电子信息技术在资源共享中的应用

随着现代化水平的发展，信息技术、网络技术、计算机技术已经应用于人们生活的各个领域。因此，办公自动化也成为时代发展的趋势。在企业人力资源管理开展的过程中，也从传统的方式转为现代化的管理。将电子信息化技术应用于其中，从而实现对人力资源的开发，可以更为全面地掌握人力资源配备情况，为企业提供最新的人力资源信息，以此帮助领导进行决策。

一、传统人力资源管理中存在的问题

（一）信息化建设模式

企业在人力资源管理的过程中，没有完全地与时俱进。企业领导人员过于注重技术的发展，而没有更新现代化的设施，导致人力资源在管理的过程中不能实现高效、准确、共享，缺乏对总体的把控。与此同时，企业在发展的过程中仍然使用行政体制模式，很多工作都需要职工手工开展，这就影响了管理的效率。与此同时，在信息化建设过程中，也需要企业投入大量的资金。但是，当前企业还没有形成完善的人力资源管理理念，认为对人力资源管理实现信息化是没有必要的。此外，企业中的部分人力资源管理人员年纪比较大，对信息化的设备操作能力不强。因此，也会影响到人力资源管理的高效开展。

（二）资源配置

在企业发展的过程中，若是资源配置的不合理将会导致企业内部过度消耗。现阶段的企业在发展的过程中对人力资源配置不够完善，因此在管理过程中也不能较好地运用人力、物力，阻碍工作的高效开展。与此同时，企业内部各部门领导间相对独立，没有形成良性竞争关系，缺少长期规划又急功近利。这样一来，企业的凝聚力显著下降，内部消耗严重。此外，企业中还经常存在个人与岗位不匹配的现象。这主要是由于在招聘管理的过程中对人才的配置不够合理，没有将人才分配到适应的岗位。因此，影响到工作效率的提高。

（三）激励机制

当前企业在人力资源管理的过程中对于不同类别和专业的人员使用同样的标准来进行量化，这样的考核方式缺乏公正性。同时，考核结果也不具备可信度。

这就导致整个绩效考核模式流于形式，企业利用这样的考核制度无法体现职工的价值。有调查显示，90% 以上员工离职原因是没有解决待遇问题。企业员工的工作绩效往往与其职称评审、岗位竞聘、薪酬分配有关，若是不公正、合理的绩效考核，会引起员工的不满。久而久之，员工的积极性便会显著下降。此外，当前企业在薪酬体制建设上偏向于职称和工龄这两个方面，员工付出与回报不成正比，会极大程度打击员工积极性，影响到企业人力资源管理效率的提高。

二、电子信息化技术在人力资源管理中的应用特点

提高人力资源管理效率。企业在开展人力资源管理的过程中，利用电子信息化技术可以有效增强人力资源管理效率。在传统人力资源管理开展的过程中会涉及大量的数据信息，这些信息若是利用传统的纸张来记录，那么整个记录过程比较烦琐，同时也会给后期查阅带来困难。而且还经常会出现资料损坏、没有保存的问题，影响到人力资源管理工作的正常开展。而将电子信息化技术应用于其中，可以有效解决这些问题这一技术，帮助工作人员简化工作流程。将工作人员从传统日常事务、闭环模式中脱离出来，更好地对人力资源数据库进行管理。同时，电子信息化技术与互联网技术的融合也可以做到无纸化办公，构建局域网就能够实现资料的共享。调整管理流程和成本。在当前人力资源管理过程中，应用电子信息化技术可以有效调整管理流程和成本，提高工作质量。人力资源管理流程对于企业的发展具有较大的影响作用，科学化的管理可以让整个工作事半功倍。通过当前对人力资源管理各项工作进行分析对比，可以发现当前存在的各种问题。通过对各种问题进行优化来提高工作质量，与此同时电子信息化技术的开发能够建立一种激励制衡机制，推动管理模式的优化发展。

促进人员职能转变。在人力资源管理的过程中，应用信息化技术会让管理人员的职能发生转变。在当前信息化技术背景之下，转变人员职能，打破传统思维模式，可以确保人力资源的高效开展。人们能够用全新的工作理念来迎接新的岗位，接受电子信息化技术对工作的影响。

三、电子信息化技术在人力资源管理中的应用措施

（一）建立信息化培训机制

当前企业对人才进行管理的过程中，需要充分发挥信息化的优势，将其应用于对人才的培训过程中，从而激发人才潜能。当前在企业发展过程中没有建立完善的培训制度，对此就可以利用电子信息化技术对人才资源进行开发，创新人才开发模式，这样才能够推动人才工作更好地开展。在新形势下，需要从不同层次、不同类型人才需求角度出发，建立长短结合、资源共享的信息化培训机制。

此外，还需要不断整合培训资源，利用"三校一中心"的模式来强化对专业技术人员管理人员的培训，充分发挥培训主阵地的作用。其次，应当采用灵活的培训方式，将短期培训、长期办学相结合，开展各类培训班，遵循"缺什么、补什么"原则，对管理人员的相关技术能力进行系统培训。与此同时，还可以要求专家进行现场讲学，以提高人才培训的效果。最后，还需要加强人才投入机制，确保经费的同时，鼓励企业加大投入。

（二）结合企业需求开发软件系统

在实际人力资源管理的过程中，应当建立信息化的系统。其主要包括人力资源业务流程管理、基础数据信息管理。在基础信息数据管理过程中，需要包括员工的基础信息查询、更新、登记，这样可以通过电子信息技术来对员工的薪酬、考勤、档案进行更为高效的管理。与此同时，也可以提供人才报表、人才地图来供人力资源策划给领导进行决策。在人力资源业务流程管理过程中，主要包括人才培训、人才招聘、绩效考核、能力评价、薪酬核算等各项工作。通过建立信息化的平台，可以推动这些工作内容的高效流转，降低错误率，减少人工成本，提高工作效率。与此同时，也可以将各个业务之间联系起来。例如，可以利用电子信息化技术将人员休假、绩效结果、晋升通道、人事令、薪酬等关联起来，从而对员工的工资进行更为精准的核算。在应用的过程中，也需要不断强化这一平台的建设。在设计的过程中，应当隔离用户使用界面，便于后期维护工作的开展。

（三）调整人才选聘模式

企业在招聘的过程中，通常会将线上、线下两种方式相结合，这样可以充分发挥信息技术和互联网技术的优势。但是，针对信息处理、简历筛选、信息发布等工作，仍然需要依靠人力来完成，这对于人力、物力来说都是极大的耗费。而且，工作效率也比较低。对此，企业可以利用第三方人力资源网站来开展合作，让求职者自行在网站上填上学历、工作经验、年龄等各种信息，并进行智能化筛选。利用专业测评、人才测评等方式来对人才能力进行评估，从而确定候选者名单。这样，在人力资源管理的过程中，就可以针对少数岗位能力契合度较高的求职者进行面试，达到精确筛选的目的，这样也可以提高工作效率。与此同时，在企业人力资源管理的过程中，也可以结合第三方人力资源网站信息对人才动态进行捕捉分析，并将此作为参考，结合岗位调整人才招聘要求，从而使选聘出来的人才更具针对性。

在当前人力资源管理开展的过程中需要将电子信息化技术应用于其中，认识到传统人力资源管理过程中存在的各种问题，并通过建立信息化培训机制、结合企业需求开发软件系统、调整人才选聘模式等各种方式来提高人力资源管理效率，让企业得以更好地发展。

第三节 人工智能与电子信息技术在数据采集与分析中的应用

随着科技水平的不断提升，信息化和工业化的深入融合，推动了现代制造业与信息技术的快速发展，同时也实现了各行各业的转型升级。在工业物联网与信息技术的发展下，实现了制造工程的智能化，为现代工业的发展注入了新的活力。而在大数据时代到来以后，各种数据分析工作所面临的环境已经发生了很大变化，通过对各种大数据进行智能分析，可以对其中所蕴含的经济效益进行充分的挖掘，增强市场活力。所以说，在现阶段的数据分析中，通过采用人工智能的方法，可以更好地实现数据分析与智能技术的结合，实现数据分析水平的提升，为各项工作的开展打下良好基础。

一、人工智能下的数据分析方法

（一）决策树

决策树从本质上来看是一种概率，主要是通过对各种事件发生的概率进行分析，在决策树构建方式的基础上，寻求净现值的期望值在零以上的情况。这种方法在一些项目风险评估中的应用更为广泛，它能够对项目的可行性进行分析，从而获取直观的决策分析方法。对于这一手段来说，更多的是建立在信息论的基础之上，因此也是对数据分类的一种手段。首先需要进行决策树的建立，然后结合相应的数据，开展预测工作。决策树建立的过程也就成为数据规则的生成过程。作为一种直观的方式，可以清晰解读输出的结果，体现出精度高以及效率高的特点，通常会采用回归树法以及双方自动交互探测法等。

（二）关联规则

关联规则指的是在开展数据分析的过程中，通过对其中项集中存在价值的进行关联，通常会采用 x 与 y 的蕴含式，其中 x 与 y 所代表的关联特性各不相同。从关联规则来看，能够将数据中的事物记录集合组成呈现出来，而这些事物也构成了一个庞大的数据库。所以说，在关联规则当中，主要通过对记录支持度进行分析，开展空间的探索工作，目前常见的关联规则算法包括基于划分的算法、Apriori 算法以及 FP 树频集算法等。

（三）模糊数学分析

模糊数学技术主要是借助模糊数学理论，针对各种数据与事物开展工作。从当前的现实情况来看，不同的客观事物呈现出来的特征各不相同，同时建立在不同的复杂系统中，确定性的精准度也存在较大差异，这也就使得其在模糊性方面的表现更为明显。因此，在开展数据分析的过程中，针对一些复杂系统或者事物，往往会采用模糊集的方式来进行预测与模糊评价，在针对客观事物的时候，模糊分析的手段更为有效。但是这一方式同样存在一些不足，用户的参数相对比较冗繁，同时在变量处理中比较单一，无法开展复杂数据的处理以及定性变量处理。

（四）人工神经网络

人工神经网络作为一种数学模型，能够将人工智能的优势更好地发挥出来，通过构建一种类似于大脑神经突触连接的结构，开展信息的处理工作。在人工智能技术的作用下，人工神经网络模型中的节点更为多样，同时在一定规则下，会构建一个具有很强连接性的整体，在这样一个整体中，每一个节点都能够展现出输出函数计算的特性，因此也被称为激励函数。在节点之间的链接，更多的是借助链接信号的加权值来进行，这也和人工神经网络中的记忆相类似。网络输出指的是采用一种网络来进行链接的手段，其中加权值与激励函数之间存在着一定的差异。同时针对网络来说，在大多数情况下的算法与函数比较相近，采用的表达方式为逻辑策略。通常来说，神经网络模型主要分为三种类型，即反馈式神经网络模型、前馈式神经网络模型以及自组织映射方法模型等。这种数据分析方法，体现出了非局限性、非线性、非凸性以及非常定性等特点，同时体现出了自主学习以及联想存储的功能，能够在数据处理中，进行最优解的高速分析。

（五）混沌与分形理论

混沌与分形理论指的是在非线性科学中所形成的重要理论，能够分析一些非线性的系统，对系统内的随机性与确定性关系进行明确。其中所包含的混沌理论，更多的是针对非线性的动力系统开展分析工作，这种系统中所蕴含的一种不稳定性，在进行轨迹优化的过程中，避免重复运动。而分形理论则是对于一些看似无秩序以及多样的事物开展分析，对其中内在的规律性进行总结。通过借助混沌与分形理论，能够更好地了解自然界中的各种现象，从而开展更为高效的数据分析工作。

二、人工智能在数据分析中的应用

在当前的社会发展中，大数据时代的到来，使得数据分析的难度不断提升，而人工智能技术的应用，能够为数据分析注入新的活力，通过对各种大数据进行分析，可以将人工智能的特性发挥出来，实现数据分析水平的提升。在当前的智能领域中，计算智能作为其中的重要组成部分，体现出了随机性、特点性以及启发性的特征，在开展数据分析的过程中，基于人工智能的计算智能，更好地进行算法的优化，从而开展集中式的设计理念，为各项数据分析工作的开展打下良好基础。人工智能所展现出来的深度学习，可以为数据分析工作的开展提供新的途径，既能够节省计算的时间，又能够实现数据分析水平的提升。在人工智能的作用下，能够开展面向动态特征的数据分析，在优化粒子群算法的基础上，开展分布式算法，实现各项数据分析水平的提升。特别是在当前传统数据分析中，集中式的算法已经很难满足大数据的要求，只有将人工智能融入到数据分析中，优化分散式的算法，才能实现数据分析结果的改善。

在大数据时代到来以后，数据分析所需要处理的内容更为庞杂，这就使得传统数据分析手段所存在的弊端逐渐暴露出来，如何更好地实现数据分析水平的提升，已经成为当前工作的重点。通过对各种大数据进行智能分析，可以对其中所蕴含的经济效益进行充分的挖掘，增强市场活力。因此，从现阶段的数据分析工作来看，通过采用人工智能的方法，可以实现数据分析与智能技术的结合，实现数据分析水平的提升，为决策者提供更为准确的数据支撑。

第四节　人工智能与电子信息技术在软硬件升级与维护中的应用

嵌入式系统与计算机没有明确的界限，都是硬件和软件的组合，都含有处理器、存储器和输入输出端口，两者可以从功能区分，计算机具备通用功能，而嵌入式系统，无论是固定功能还是可编程，都是为特定应用或大型系统中的某项功能而设计的。

嵌入式系统的一个趋势是，软件的重要性日益突出。消费电子市场中的大量嵌入式系统，比如家用电器，其硬件成本远超过软件成本；但是汽车、工业控制等应用中的高可靠嵌入式系统，通常面对复杂的测试和合规要求，其软件可能占嵌入式系统中更多成本。还要看到的是，现在许多设备强调智能化，或者运用人工智能实现先进功能，算法的软件不可或缺。

因此在嵌入式系统领域，供应商不仅包括提供诸如 MCU/MPU（微控制器和微处理器）、RAM、闪存、数字信号处理器（DSP）、专用集成电路（ASIC）、现场处理门阵列（FPGA）等的芯片厂商，也有仅仅提供软件的厂商，他们提供开发工具、测试工具、操作系统（简称 OS）、中间件等软件。

在嵌入式系统的软件中，操作系统是首位，可供选择比较多，有一些优势比较明显。

一、本土 OS 逐渐成为优先选项，应用聚焦物联网

嵌入式系统 OS 的作用类似于 PC 中的 Windows、Linux 或 MacOS 操作系统，以及手机中的 iOS、安卓系统，不同的是，嵌入式系统的 OS 执行一个或一组功能，良好的 OS 可推动和加速系统功能。

嵌入式系统的 OS 有 GPOS（通用操作系统）和 RTOS（实时操作系统）之分。工业、汽车等对实时性要求高，RTOS 常被提及，也有两种分类：第一种是硬实时操作系统，保证关键任务在指定时间内完成；第二种是软实时操作系统，在时间限制方面较为宽松，常见于多媒体系统、数字音频系统等。嵌入式系统的典型应用是物联网，物联网倡导"万物互联"，在数字时代有更大作为，核心是联网。联网的需求使得嵌入式系统的软件复杂性大幅增加，传统 RTOS 难满足物联网场景，由此衍生物联网操作系统（IoT OS）的概念：一是由传统的嵌入式 RTOS 发展而来，典型代表有 uc/OS、FreeRTOS、LiteOS，RT-Thread，Arm Mbed OS；二是由互联网公司的云平台延伸而来，基于传统操作系统进行"剪裁"和定制，典型代表有 Ali OS Things TencentOS tiny，Win10 IOT，前者的优势是在物联网终端上有着广泛基础，硬件推广成本低，但软件开发专业度高；后者的优点是天生与互联网服务相结合，易于打造互联网应用，缺点是各家产品各自为政，在软件开发上功能性受到限制。

（一）本土 RTOS 受热捧

本土 RTOS 近几年越来越地被更多人使用，其中，RT-Thread 比较有代表性，其定位是 OS 和中间层组建的基础软件生态，更注重中立性，从市场来看，终端装机量已经达到数亿台。

RT-Thread 发布于 2006 年，是一个集 RTOS 内核、中间件组件和开发者社区于一体的技术平台，由熊谱翔先生带领并集合开源社区力量开发而成，RT-Thread 也是一个组件完整丰富、高度可伸缩、简易开发、超低功耗、高安全性的物联网操作系统。

RT-Thread 具备一个物联网操作系统平台所需的所有关键组件，例如 GUI、网络协议栈、安全传输、低功耗组件等等。官方资料显示，RT-Thread 目前拥有国内最大的嵌入式开源社区，同时被广泛应用于能源、车载、医疗、消费电子等多个行业，累计装机量超过 8 亿台，成为国人自主开发、国内比较成熟稳定和装机量较大的开源 RTOS。

RT-Thread 拥有良好的软件生态，支持市面上所有主流的编译工具如 GCC、

Keil、IAR 等，工具链完善、友好，支持各类标准接口，如 POSIX、CMSIS、C++ 应用环境、Javascript 执行环境等，方便开发者移植各类应用程序。商用支持所有主流 MCU 架构，如 Arm Cortex-M/R/A、MIPS，X86、Xtensa、C-Sky、RISC-V，几乎支持市场上所有主流的 MCU 和 Wi-Fi 芯片。

（二）MCU 厂商对 RTOS 的支持更加开放广泛

此外，包括 Alios Things LiteOS，SylixOS 在内的国产 RTOS 也都以不同方式打开市场大门，强调物联网属性、开发资源、生态建设等。

在选择 RTOS 上，航顺芯片产品经理陈水平表示，用户应当根据整体功能需求、MCU 的规格、以及后续的产品维护等方面进行考虑。目前许多 MCU 厂商都已经对多数 RTOS 提供广泛的硬件和软件支持，比如，航顺 HK32MCU 系列 32 位 MCU 支持 uc/OS II FreeRTOS、RTT、鸿蒙等 RTOS 操作系统。

瑞萨介绍，国产 RTOS 积极布局嵌入式系统和相关市场，瑞萨也对此保持开放合作的态度，携手国产 RTOS 厂商一起为开发者提供基于瑞萨 MCU 的更广阔开发平台。

对于不同的国产 RTOS，瑞萨保持中立态度，秉承顺应市场趋势的一贯传统，积极响应客户需求。目前瑞萨已经加入睿赛德 RT-Thread 合作伙伴高级会员计划。在双方的紧密配合下，于 2021 年底已推出基于 RA6M4 的开源网关参考设计，并在 RTT 开发者大会上发布。用户可到 RT-Thread Github 下载学习。

在内核和 shell 移植基础上，全套设备驱动框架也成功移植到瑞萨运行在 200MHz 主频、Cortex-M33 内核的 RA6M4 平台，包括 GPIO，IIC SPI，PWM，ADC，SDIO 等在物联网应用中常见外设。中间件层面则覆盖了从基础 MQTT 到阿里云，文件系统 DFS、LwIP、MbedTLS 等物联网相关协议。

在以 48MHz 为主频的低功耗和低成本系列 RA2L1 和 RA2E1 平台上，更多和 RT-Thread 的合作还在紧密有序的进行中，成果正在陆续交付和更新中。这些基于瑞萨 RA 系列 MCU 的 RT-Thread 相关软件交付，都是通过睿赛德和社区进行支持。

（三）工业物联网、医疗要求升级 RTOS 部署加速

随着工业物联网的普及，应用复杂度的提高，嵌入式系统中越来越多的裸机应用开始转向 RTOS 加持：一方面通过 RTOS 的任务调度器帮助开发者把整个复杂的应用逻辑分解成多个相对简单的任务，来简化应用开发；另一方面通过 RTOS 提供的各种应用框架解决碎片化场景。比如很多包含了连云 SDK 的 RTOS，可以快速帮助开发者解决连云的基础框架搭建，让开发者只需专注于体现自己产品或者业务差异化的应用逻辑的开发。

和工业市场一样，医疗市场也是一个对稳定性、可靠性、安全性要求非常高的领域。潜在的软件漏洞会为终端客户和设备厂商都带来极大损失，因此使用经过市场检验，专业机构认证的软件协议栈或者中间件，成为越来越多业界开发者的共识。瑞萨和微软合作，将久经市场检验的 Azure RTOS（之前的 ThreadX RTOS）及其丰富的中间件全面部署到瑞萨的 32 位 MCU 平台，从 RA，RX 到 Synergy 系列。中间件包括从文件系统、GUI、网络协议栈到 USB 主从机协议栈等各个方面。

RTOS 将在更加广阔的领域被使用，陈水平说道，RTOS 在可穿戴设备中的成功将打开其他消费类市场，包括智能家居设备以及家用机器人等，后续在家电市场将会看到更多用例。

二、RISC-V 或将迎来应用高峰，商业化持续推进

如果几年前说 RISC-V 已经成为继 x86、Arm 之外的处理器内核"第三极"，可能还有点为时过早，但是现在 RISC-V 已经真正走到台前，不仅是业界推波助澜，而且，有更多厂商开始将 RISC-V 运用到量产的产品中。

RISC-V 区别于 x86、Arm 的地方，不只是架构和商业模式，很少被谈论的是，RISC-V 具有更少的指令，硬件实现简单，最终芯片的物理尺寸也会很小，这点迎合物联网应用场景特点，也是其被看好的原因之一。

（一）基于 RISC-V 内核的专用标准产品即将面世

瑞萨表示，今年（2022 年）会推出一款 RISC-V 内核的 MCU。但是它的定位不是和 RX、RA 以及 RL78 系列那样的通用 MCU，而是走 ASSP（专用标准产品）路线——把它所主打的一个规模应用的典型功能代码在芯片出厂前就预先烧好，客户可以通过 PC 上的图形界面对该功能相关参数做配置，无需、也不能在这个 RISC-V 产品上做二次开发和修改。通过预留的接口和上位机相连，开发者在上位机上使用定义好的 API 就可以调用这颗 RISC-V 产品上的功能。

消费电子市场的特点是产品更新换代快，对产品的研发周期和上市时间相对工业市场有着比较严苛的节奏要求。基于 MCU 在这种应用领域开发产品，成熟的生态系统，包括开发工具、参考软件、测试工具、评估套件、学习资料，对选择 MCU 平台有着非常重要的影响。相对目前市面上丰富的基于 Arm 内核 MCU 的成熟生态链，以 RISC-V 内核为基础的 MCU 面临一定挑战。这需要投入长期的人力物力积累，而非一蹴而就。这也是为什么瑞萨将要推出的 RISC-V 产品将要走 ASSP 的形式，提供全套方案。

（二）RISC-V 的成本和低功耗优势将逐步转化为市场优势

据陈水平介绍，RISC-V 指令精简、设计简便、完全开源的设计得到广大芯片设计厂商，以及用户的青睐，尤其是功耗方面拥有绝对的优势，还有其可碎片化的模块设计也是一大特色，RISC-V 能够为物联网行业带来显著的灵活性和成本优势。

RISC-V 逐渐得到广泛的应用和重视，不只是因为其是完全开放的设计架构，更多的是它的开发工具可以和目前 Arm 的兼容，未来 3—5 年 RISC-V 架构的微控制器的应用会逐步地取代 Arm 架构产品，因为成本优势和低功耗的应用一定会有市场机遇。

据悉，航顺 HK32MCU 已经批量量产 Arm+RISC-V 多核异构 HK32U1009 系列 SoC 产品，将广泛地应用在物联网传感领域，比如楼宇的烟感、空气检测系统。

三、边缘 AI 推理将超过云端，机遇与挑战并存

嵌入式系统除了上述软件和硬件本身经历着变革，还受到新技术运用和不断渗透的驱动，其中，人工智能（AI）被认为是新一轮科技革命、产业变革的重要力量，影响着经济和社会发展。

Lattice（莱迪思）亚太区总裁徐宏来说道，人工智能比任何其他技术都更有可能以我们难以想象的方式改善和改变我们的日常生活。随着越来越多的人工智能和机器学习技术融入到我们的日常生活中，工业自动化和机器人、汽车、5G 通信基础设施以及数据中心和客户端计算等新市场应用拥有无限可能。

网络边缘是许多 AI 应用实现的最佳领域，因为它将关键的处理功能赋予设备本身。事实上，研究公司 ABI Research 认为，到 2024 年，设备端的 AI 推理能力预计将占所有设备的 60%，超过了在云端运行的 AI。

在这些行业的网络边缘增加智能、决策和 AI 推理能力会带来大量机遇：包括提高智能工厂的生产效率和安全性、为汽车带来先进的信息娱乐系统和高级驾驶功能、打造高速安全的下一代通信基础设施、实现更快、更低功耗的数据中心，以及带来更高效、更直观的计算体验等。主要的人工智能应用案例包括人员存在检测、面部识别、注意力跟踪、预测性维护、自动驾驶等。

然而，为了充分发挥其潜力，网络边缘 AI 硬件应用需要跟进不断发展的、驱动这些应用的算法，此外还需要处理越来越多的数据。提供良好的 AI 体验需要克服一些具体的挑战，包括降低延迟提供实时结果，提高带宽从而高效传输大量数据，通过安全设计保护敏感的用户数据，以及在产品的整个生命周期中通过软件轻松更新已经部署的系统。

陈水平表示，目前微控制器实现边缘 AI 日趋成熟，大数据计算能力越来越强，给市场应用带来了很多的机遇，但如何解决成本问题，以及微控制器本身的功耗问题，将是未来控制器要解决的难题。目前航顺 HK32MCU 拥有 nA 级超低功耗设计平台，其家族的超低功耗产品以及多核异构品都解决了目前碰到的难题。

四、AI 图像识别推动工业自动化和智能化

边缘 AI 的出现，让嵌入式系统进入新的发展阶段，传统以感应和计量为基础功能的嵌入式系统，将具备访问、汇总和分析数据的能力，为高级分析提供支持，这种趋势或许首先让工业领域受惠。

自疫情开始以来，对于各个半导体应用领域都带或多或少的冲击，于各种应用领域上，包括工业领域亦是如此。人们意识到工业自动化和智能化的重要性。

智能制造装备是智能制造的主要载体，涉及配备人工智能视觉的工业机器人、智能数控机床和智能控制系统等主要行业，产业规模实现快速增长。据统计，我国智能制造业产值规模占全球比重约为 20%。预计未来几年我国智能制造行业将保持 10% 左右的年均复合增速，有巨大的行业增长空间。

（一）AI 加速器实现实时推理

在工业人工智能领域，瑞萨一直主张在嵌入式系统中采用人工智能技术。

众所周知，工厂自动化等工业设备对实时处理性能要求很高。虽然云端 AI 能够提供丰富的计算功能，但由于带宽和时延等各种因素限制，云端 AI 往往难以满足现场响应的要求，这时，如果能够实现端点智能就能轻松地解决这一问题，灵活可扩展的嵌入式边缘人工智能解决方案便应运而生。

而且，在智能工业应用中，基于 AI 的人像和物体识别功能的嵌入式视觉需求正在迅速增长，使用 AI 处理所带来的高功耗和发热，给产品和设备的开发人员带来了不少的新挑战。嵌入式视觉是边缘人工智能的典型应用。这些应用对于运算器件的要求需要能够同时兼顾具备视频编解码功能、优越的 3D 图形加速表现、AI 运算能力和功耗的平衡等条件。

在面向未来边缘人工智能的庞大机遇，瑞萨提供了业界独一无二的实时低功耗人工智能处理解决方案，以满足端点嵌入式设备人工智能应用的特定需求。利用嵌入式人工智能单元使现有设备能够使用人工智能进行推理执行，从而实现终端智能化，制造商们可以直接将嵌入式人工智能技术集成到工厂设备中。不仅如此，将瑞萨自家研发的动态可配置处理器（DRP）和薄埋层氧化硅（SOTB）技术融合到边缘人工智能方案，将为嵌入式系统领域提供新的附加价值。

瑞萨独有的图像处理 AI 加速器（DRP-AI）是内置于 MPU 产品家族中 RZ/V

系列微处理器的专用加速硬件，该系列产品 RZ/V2M 和 RZ/V2L 可在嵌入式设备中以业界领先低能耗实现实时的嵌入式边缘 AI 推理。

RZ/V2M 和 RZ/V2L 利用 DRP-AI 的卓越能耗比，实现了分别低至 4W 和 2.84W（典型值）的功耗，因而无需配置散热器和冷却风扇，大大简化了散热处理措施，使得这两款微处理器可用于小巧型设备，有助于实现设备尺寸小型化，从而扩展 AI 在嵌入式设备中的应用范围，并可降低物料清单（BOM）成本。

DRP-AI 这一专用于图像优化的 AI 加速器，是由内置于另一微处理器型号 RZ/A2M 的 DRP 发展而来的 IP，专为读取 2D 条形码和虹膜识别等任务而设计，为提高运算处理能力，DRP 功能与 AI-MAC（乘法和累加）电路相结合，使其成为 AI 推理应用的理想选择。全新 IP 内核具有 AI 处理能力，其能效约为 DRP 的 10 倍，可达到 1TOPS/W 级。此外，由于 DRP 可在每个时钟周期动态更改其操作电路配置，使得 DRP-AI 可以灵活支持不断演进的 AI 算法。为方便用 DRP-AI 进行开发，瑞萨还计划提供 DRP-AI 转换器等专用工具，助力在嵌入式设备中轻松执行用户已训练好的 AI 模型。

工具方面，瑞萨采用 DRP-AI Translator 实现 AI 模型转换，使用中有两点需要注意：第一点：不同 AI 框架训练的模型，需在 PC 端转换成 ONNX 格式，再由 DRP-AI Translator 转换工具将 ONNX 格式模型转换成瑞萨边缘计算芯片支持的模型格式，大大降低不同 AI 框架直接模型转换的开发难度。第二点：模型转换时，根据相应的网络结构修改对应的配置文件，并将 ONNX 模型和对应配置文件导入 DRP-AI Translator 即可实现模型转换，简便快捷实现模型转换。

（二）多设备协同实现嵌入式视觉先进特性

不仅是工业，在消费电子等诸多行业中，目标识别、深度感知、防撞和决策等功能正迅速成为智能电子系统的标配，网络边缘计算需要各种设备协同工作，才能有效地实现嵌入式视觉功能。据介绍，联想使用了莱迪思 FPGA 和专为 AI 优化的软件解决方案，在全新的 ThinkPad X1 系列产品上提供先进的用户体验。这些体验利用了笔记本电脑的内置摄像头，在不牺牲性能或电池寿命的情况下带来了沉浸式体验、隐私保护和协作功能。这些应用对计算设备提出了更多要求，通常是与原来保持相当的系统功耗。有些则是围绕设备接口、图像信号处理、硬件加速以及能效和小尺寸等特性。

五、FPGA、NPU、MCU 在人工智能应用中各有所长

处理器的发展历经主频的飞跃，继而向多核、多任务、多线程变化，在进入大数据和人工智能广泛应用的当下，处理器演变的背后是数据驱动，越来越强调"算力"。在比较热门的 AI 芯片类型中，FPGA，NPU（神经网络处理器）、MCU

在运行人工智能上有哪些优势？

徐宏来表示，使用莱迪思 FPGA 实现 AI 的两大优势是在不牺牲性能的情况下提高灵活性和降低功耗。FPGA 本质上是为适应性而设计的。它们可重新编程的特性让设计人员能够更快、更轻松地将新设计推向市场，如果要选择定制芯片，设计将变得非常昂贵，并且需要更长的开发时间。FPGA 这种固有的灵活性带来了其他好处，即无需物理访问或更改硬件即可对 FPGA 功能进行编程和重新编程，同时还可以轻松实现现场更新，节省了时间和资源，延长了最终产品的生命周期。

莱迪思 FPGA 从根本上是专为低功耗而设计，功耗范围从几毫瓦到不足 1W。这一点至关重要，因为许多 AI 功能在设计上需要最大限度地延长设备的电池寿命，因此 AI 实现的功耗必须尽可能低。非电池供电的 AI 应用也会因为整体功耗降低而受益，这有助于在系统整个生命周期中降低运营成本。

在性能方面，FPGA 可以并行执行多个用例，提供的性能是竞品 ASIC 解决方案的 20 多倍（就每秒推理次数而言）。事实上，在客户端计算应用中，莱迪思的内部测试表明，在莱迪思 FPGA 上运行的用户注意力感知应用的能效（每秒每瓦特的推理操作数）比竞品 ASIC 高出 7 倍。这有助于延长电池寿命并提供更好的整体用户体验。

莱迪思解决方案集合和开发工具旨在帮助客户轻松实现一系列功能，同时缩短产品上市时间。莱迪思的解决方案集合是以应用为中心的解决方案，包括了评估、开发和部署基于莱迪思 FPGA 的应用或系统所需的全部资源。莱迪思现提供网络边缘 AI、嵌入式视觉、安全和工业自动化领域的解决方案集合，未来还将推出更多。

从软件的角度，莱迪思还提供各种易用的设计工具。这些工具在整个开发过程中为客户提供帮助，从设计和验证到综合和仿真再到系统集成。

而且，对于需要其他帮助或需要定制的客户，莱迪思还提供设计服务，让莱迪思专业能力赋能任何客户应用。此外，莱迪思还拥有不断增长、值得信赖的强大技术合作伙伴网络，他们提供的产品和服务旨在帮助莱迪思的客户加快产品上市时间，充分利用其基于莱迪思的设计。

瑞萨认为，FPGA 和 NPU 各有优劣。FPGA 优点是使用者可以根据自身的需求进行重复编程，在电路设计上提供较大的灵活性。但其缺点是当需要处理非常复杂的算法，整个 FPGA 电路设计需要做得比较大，付出的代价是电路板面积和整个 BOM 的成本也同步增加。至于 NPU 的工作原理，是在电路层模拟人类神经元，用深度学习指令集直接处理大规模的神经元和突触。优点是一条指令可完成一组神经元的处理，特别擅长处理视频、图像类的海量多媒体数据。但其缺点在于电路设计上达不到 FPGA 的高灵活性。

瑞萨 DRP-AI 技术则能使用有限的硬件资源提供优越的设计灵活性和在超低功耗的条件下实现高速的 AI 推理计算，为使用者在边缘人工智能的应用上提供了一种选择。

陈水平说道，FPGA、NPU 都擅长视频、图像大数据处理，运行速度快，但是仅局限数据处理，其内部没有存储，以及丰富的外设通讯接口，都需要外置微控制器对整个系统进行任务调度、数据传输、以及数据监控。

物联网的应用和市场是碎片化的，但可以确定的是，物联网需要 RISC-V 和 RTOS 这样的技术，不仅是因为它们的功耗、成本等特性上都适合物联网的要求，还因为它们的开放性，以及由此带来的高度自定义特性。在物联网的边缘，嵌入式系统引入人工智能，或将 RISC-V 和 RTOS 生态建设带入一个新阶段，而面向人工智能而设计的 FPGA 和 NPU 展现出良好的适应性，多种硬件和软件开放共存或许才是生态的最好形态。

第五节　人工智能与电子信息技术在远程操控中的应用

一、远程控制与大数据分析技术在人工智能中的应用意义

远程控制技术和大数据分析技术在人工智能中的应用意义非常重要，可以帮助企业更好地管理员工绩效和提高生产效率。首先，远程控制技术可以让企业实现对员工进行远程监管和指导。通过远程控制技术，企业可以随时了解员工的工作状态、进度和质量，并及时给予反馈和指导。这样可以有效地提高员工的工作效率和准确性，同时还可以避免因为距离等原因而造成的沟通不畅或误解。其次，大数据分析技术可以帮助企业更好地了解员工的绩效情况。通过收集和分析员工的工作数据，如工作时间、完成任务数量、错误率等，企业可以得出员工的绩效评估结果，并根据评估结果制定相应的培训计划和激励机制。这样可以促进员工的个人发展和团队合作，从而提升整体绩效水平。最后，结合远程控制技术和大数据分析技术，企业可以实现更加精细化的管理。例如，在远程控制过程中，企业可以采集员工的行为数据并进行分析，从而了解员工的行为习惯和工作方式，并根据这些数据制定更加个性化的培训计划和激励机制。同时，企业也可以通过大数据分析技术对员工的绩效进行实时监测和评估，及时发现问题并采取相应措施。远程控制技术和大数据分析技术在人工智能中的结合应用可以帮助企业更好地管理员工绩效和提高生产效率，是未来企业数字化转型的重要方向之一。

二、远程控制技术在人工智能中的应用

（一）远程控制技术的概念和发展历程

远程控制技术是指通过网络或其他通信手段，实现对远程设备、系统或机器人等进行监控、操作和管理的技术。其发展历程可以追溯到上世纪 50 年代初期，当时美国航空航天局（NASA）开始使用遥控技术来控制火箭和卫星的运行。随着计算机技术和通信技术的不断进步，远程控制技术已广泛应用于工业自动化、智能家居、医疗保健、军事防务等领域。

（二）远程控制技术在人工智能中的应用场景和优势

1. 在人工智能领域中，远程控制技术主要应用领域

（1）机器人控制：通过远程控制技术，可以实现对机器人的远程操作和监控，使其能够完成更加复杂的任务。

（2）智能家居：通过远程控制技术，可以实现对家庭电器、灯光、窗帘等的远程控制，提高生活便利性和安全性。

（3）工业自动化：通过远程控制技术，可以实现对生产线、设备等的远程监控和管理，提高生产效率和质量。

（4）医疗保健：通过远程控制技术，可以实现对医疗设备、患者数据等的远程监测和管理，提高医疗服务水平。

2. 远程控制技术在人工智能中的优势

（1）提高操作效率：通过远程控制技术，可以实现对多个设备或系统的同时操作和管理，提高操作效率。

（2）降低风险成本：通过远程控制技术，可以避免人员进入危险环境进行操作，降低了风险成本。

（3）实时监控反馈：通过远程控制技术，可以实时获取设备或系统的运行状态，并及时采取相应的措施，提高了安全性和稳定性。

（三）远程控制技术在人工智能中的应用案例分析

以机器人控制为例，目前已经有很多企业将远程控制技术应用于机器人领域。例如，中国航天科技集团公司开发的"玉兔二号"月球车就是一款具有远程控制功能的机器人。通过地面指挥中心对"玉兔二号"进行远程操作和监控，可以实现其在月球表面上的巡视、采样等任务。例如，美国苹果公司推出的 HomeKit 智能家居平台就支持用户通过手机或 iPad 等设备对家庭电器、灯光等进行远程控制。远程控制技术在人工智能领域中具有广泛的应用前景和优势，未来还将继续得到发展和完善。

此外，在智能家居领域，国内外很多企业也开始将远程控制技术应用于智能家居产品中。

三、大数据分析技术在人工智能中的应用

（一）大数据分析技术的概念和发展历程

大数据分析技术是指通过对海量数据进行采集、存储、处理和分析，从中提取有价值的信息和知识的技术。其发展历程可以追溯到上世纪 90 年代初期，当时互联网开始普及，并产生了大量的数据。随着计算机硬件性能和存储容量的不断提升，以及人工智能技术的发展，大数据分析技术得以广泛应用于商业、金融、医疗保健、交通运输等领域。

（二）大数据分析技术在人工智能中的应用场景和优势

1. 在人工智能领域中，大数据分析技术主要应用于以下几个方面：

（1）智能推荐：通过对用户行为数据的分析，可以实现对用户兴趣和需求的预测和推荐。

（2）自然语言处理：通过对文本数据的分析，可以实现对自然语言的理解和处理，提高人机交互效率。

（3）图像识别：通过对图像数据的分析，可以实现对物体、人脸等的识别和分类，提高安防监控效果。

（4）数据挖掘：通过对数据的分析，可以发现其中隐藏的规律和趋势，为企业决策提供支持。

2. 大数据分析技术在人工智能中的优势主要包括：

（1）提高预测准确性：通过对海量数据的分析，可以更加准确地预测未来的趋势和变化。

（2）降低成本风险：通过对数据的分析，可以避免盲目投资和决策，降低了成本和风险。

（3）实时监控反馈：通过对实时数据的分析，可以及时发现问题并采取相应的措施，提高了安全性和稳定性。

（三）大数据分析技术在人工智能中的应用案例分析

以智能推荐为例，目前已经有很多企业将大数据分析技术应用于产品推荐。例如，电商平台会根据用户历史购买记录、搜索关键词等信息，向用户推荐相关商品；音乐平台会根据用户听歌历史、点赞收藏等信息，向用户推荐符合其口味的歌曲。这些推荐算法都是基于大数据分析技术开发的，可以提高用户满意度和

销售额。另外，大数据分析技术还被广泛应用于金融、医疗保健等领域。例如，银行可以通过对客户信用卡消费记录的分析，预测客户未来的还款能力和风险；医院可以通过对患者病历数据的分析，提高诊断准确性和治疗效果。大数据分析技术在人工智能中的应用已经成为趋势，其优势和价值也得到了充分体现。

四、远程控制技术和大数据分析技术的结合应用

（一）远程控制技术和大数据分析技术的优势与互补性

远程控制技术和大数据分析技术在人工智能领域中具有很强的互补性。远程控制技术可以实现对设备、机器人等的远程操作和监控，而大数据分析技术则可以从海量数据中提取有价值的信息和知识。两者结合应用可以发挥以下优势：

1. 实时监测：通过远程控制技术，可以实时获取设备或系统的运行状态，并将这些数据传输到大数据平台进行分析，以便及时采取相应的措施。

2. 数据分析：通过大数据分析技术，可以对设备或系统产生的数据进行深入分析，找出其中的规律和趋势，为远程控制决策提供支持。

3. 智能预测：通过大数据分析技术，可以对设备或系统未来可能出现的问题进行预测，从而提前采取相应的措施，避免损失。

（二）远程控制技术和大数据分析技术在人工智能中的融合应用模式

远程控制技术和大数据分析技术在人工智能中的融合应用模式可以分为以下几种：

1. 远程控制决策支持：通过大数据分析技术，对设备或系统产生的数据进行深入分析，提供给远程控制人员决策支持。

2. 智能预测维护：通过大数据分析技术，对设备或系统未来可能出现的问题进行预测，并将这些信息传输到远程控制平台，以便及时采取相应的维护措施。

3. 自动化控制优化：通过大数据分析技术，对设备或系统运行状态进行实时监测和分析，并将结果反馈到远程控制平台，根据结果自动调整控制参数，达到最佳控制效果。

（三）远程控制技术和大数据分析技术在人工智能中的优化方案

为了进一步发挥远程控制技术和大数据分析技术的优势，在人工智能领域中需要不断优化其结合应用方案。具体包括以下几个方面：

1. 数据采集与处理：要保证数据的质量和完整性，需要建立高效的数据采集和处理机制，确保数据的准确性和实时性。

2. 算法优化与升级：要根据实际应用场景，不断优化和升级算法模型，提高

数据分析的准确性和效率。

3. 安全保障与风险控制：要加强对远程控制平台和大数据平台的安全保障，防止数据泄露和降低被攻击风险。同时，需要建立完善的风险控制机制，及时发现和处理潜在的风险问题。远程控制技术和大数据分析技术的结合应用可以为人工智能领域带来更多的创新和价值，但也需要不断进行优化和改进，以适应不同的应用场景和需求。

五、远程控制与大数据分析技术在人工智能中的实际应用

（一）在语音控制的应用

随着科技的不断发展，语音识别技术已经逐渐成为了人工智能领域中的重要组成部分。

通过语音控制技术，用户可以通过简单的口令来控制设备的开关、模式选择、参数调节等操作，从而实现更加便捷和高效的使用体验。例如，在家庭智能化系统中，用户可以通过语音指令来控制灯光、电器等设备的开关，从而实现更加智能化的生活方式。此外，语音控制技术还可以结合大数据分析技术进行更加精准的预测和推荐。通过对用户语音指令的分析和处理，系统可以根据用户的习惯和喜好，提供更加个性化的服务和建议。例如，在智能音箱中，用户可以通过语音指令来播放自己喜欢的音乐或者听取最新的新闻资讯，系统会根据用户的历史记录和偏好，为其推荐最符合需求的内容。在"远程控制与大数据分析技术在人工智能中的应用"这个题目中，语音控制技术是一个非常重要的组成部分。通过结合大数据分析技术，可以实现更加精准和个性化的服务，为用户带来更加便捷和高效的使用体验。

（二）人工智能应用中的远程控制与大数据分析技术集成实现的方案设计

在人工智能应用中，远程控制和大数据分析技术可以结合起来，实现更加高效、精准的操作和监控。具体方案设计如下：

首先，需要对设备或机器人进行传感器安装和数据采集，将其产生的数据上传至云端存储。然后，通过大数据分析技术对这些数据进行处理和分析，提取有价值的信息和知识，并生成相应的模型和算法。然后，利用远程控制技术，将这些模型和算法应用于实际操作中，实现对设备或机器人的远程控制和监控。同时，还可以通过远程控制技术收集实时反馈数据，不断优化和改进模型和算法，提升整个系统的性能和效率。

（三）实现过程及结果分析

在实现过程中，我们选择了一款智能机器人作为测试对象，安装了多种传感器并将其连接到云端服务器上。通过大数据分析技术，我们对机器人产生的数据进行了处理和分析，得出了机器人运动轨迹、行为规律等相关信息，并建立了相应的模型和算法。接着，我们利用远程控制技术对机器人进行了远程操作和监控。通过实时反馈数据的收集和分析，不断优化和改进模型和算法，并将其应用于实际操作中。最终，我们成功地实现了对机器人的智能远程控制和监控，提高了整个系统的性能和效率。

（四）应用效果与评价

经过测试和验证，我们发现结合远程控制和大数据分析技术的人工智能应用方案具有以下几点优势：

1. 实现了对设备或机器人的精准、高效的远程控制和监控；

2. 通过大数据分析技术，提取了有价值的信息和知识，并建立了相应的模型和算法；

3. 不断优化和改进模型和算法，提升了整个系统的性能和效率。

总体来说，这种集成远程控制和大数据分析技术的人工智能应用方案可以为企业带来更加高效、精准的生产和管理方式，进而推动企业持续发展。

随着科技的不断进步，远程控制技术和大数据分析技术已经成为人工智能领域中不可或缺的重要组成部分。它们的结合应用可以更好地满足用户需求，提高生产效率，促进企业持续发展。未来，我们还需要不断深入研究这些技术的应用，推动人工智能技术的创新与发展，为社会带来更多的福利和便利。

第六节　人工智能与电子信息技术在管理自动化中的应用

近年来我国科学技术整体发展速度较快，人工智能技术在多领域中的运用，为人们日常生活以及现代化生产提供较大便利。现阶段各类人工智能产品在日常生活中随处可见，在电子工程自动化控制中融入人工智能技术，要重点发挥人工智能技术的多项运用价值。本文对人工智能技术基本内涵进行了概述，分析了人工智能技术应用要点，再结合不同场景提出对应的应用建议，旨在发挥人工智能技术运用成效，提升电子工程自动化控制效果。

在现代化电子计算机技术以及网络技术研究开发中，人工智能技术在电子计算机应用技术中的重要价值日益显现。人工智能技术合理运用能有效模拟人类大脑思维，完成诸多人力操作工作。加上人工智能技术具有较强的逻辑思维以及运

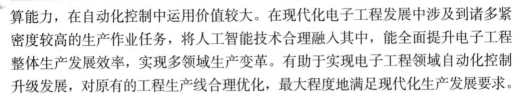

算能力，在自动化控制中运用价值较大。在现代化电子工程发展中涉及到诸多紧密度较高的生产作业任务，将人工智能技术合理融入其中，能全面提升电子工程整体生产发展效率，实现多领域生产变革。有助于实现电子工程领域自动化控制升级发展，对原有的工程生产线合理优化，最大程度地满足现代化生产发展要求。

一、人工智能技术基本内涵概述

在人工智能技术运用中主要融入了人工智能操作、计算机程序、卫星信息定位程序等，属于多元化信息结合的技术形式，其能有效保障程序化操作有序进行。基于规范化的信息传导以及自动化感应，能有效组建相对完善的调控结构与信息传输模式。近年来我国多项信息传输范围在不断扩大，拓宽了人工智能技术运用范围。基于规范化的运用人工智能技术，能展开全面的信息探索，便于对各项信息数据资源合理应用，有助于提升信息调配稳定性。在电子工程自动化控制阶段融入人工智能技术，通过虚拟程序能实现自动化控制。在电子工程自动化控制阶段，要规范化展开人工智能操作。通过自由化、连贯化、多维化的方式对电子工程程序合理设计，有效突出电子工程系统化发展特征。这样能对电子工程自动化形式以及覆盖范围进行优化，满足多样化的自动化控制要求。将人工智能技术合理融入到电子工程自动化控制中，能有效创新传统应用模式，对产业结构进行调整，加速电子工程领域健康稳定发展。

二、人工智能技术在电子工程自动化控制中的应用分析

（一）在电子工程设备中的应用

从当前电子工程自动化控制系统设备运行的现状来看，多数设备操作较为复杂，将设备应用到日常生产中涉及到多领域知识。过去传统的电子工程企业对基层员工各项操作要求较为严格，需要专业的工程技术人员。其自身要具备较强的综合素质以及电子专业技能，这样才能提升各项操作实效性，也能最大程度降低设备生产阶段失职行为的产生。人工智能技术开发应用中主要是基于电子计算机逻辑计算理论，基于体现编写好的计算机程序，促使电子工程设备能通过 PC 端进行控制，保障电子工程自动化发展。人工智能技术合理运用，能对电子工程设备生产系统进行有效协调，全面提升设备运行规范性。

（二）在电气控制中的应用

在电子工程自动化生产中，重点部分就是电子工程设备的电气控制。在各类电子元件生产中要求技术人员提高生产精度，在电子设备运行控制中要严格要求。在日常生产中各个环节要严格依照生产计划执行，这样才能保障各类生产产

品差异性控制在最佳指标范围内。在该领域中融入人工智能技术，有助于提升电气控制精度，提升电子工程设备应用效率。通过人工智能技术能有效提升电气控制系统协调性、综合性、科学性、便捷性。在电气自动化控制领域，人工智能技术在多区域运用相对集中，其中涉及到网络神经系统、专家分析系统、模糊控制系统，各系统均能实现电气自动化控制，补充必要的技术支持。

（三）在产品优化中的应用

现阶段我国电子工程生产技术发展较快，人们日常学习、生活以及工作中对各类电子设备依赖性较大。随着各类电子设备应用需求的与日俱增，电子工业生产的压力也在不断扩大。在日常生产阶段，传统电子工程生产技术工艺运用复杂性较高，电子自动化控制系统运用较为繁琐，其对各类电子产品生产效率产生了较大影响。通过融入人工智能技术，能对电子工程产品以及自动化控制系统有效优化。做好各类产品生产流程规划，为产品生产制造系统设计提供针对性的优化方案。

（四）在电子工程设备诊断中的应用

在传统的电子工程自动化控制系统运用中，缺乏完善的故障检测措施。当生产阶段出现各项故障问题时，技术人员难以集中判断出故障产生区域，只能分段分组展开技术设备维护，这样会浪费较大的生产成本，对应的故障诊断效率也偏低。在工程设备故障诊断阶段，通过合理运用现代人工智能技术，发挥故障专家检测系统、神经网络系统、逻辑模糊系统检测方式，能对自动化控制生产线展开智能故障排查，便于快速判断故障发生位置，有助于技术人员快速处理故障。比如当电子工程自动化控制中电力系统设施出现故障，专家系统能基于系统中贮存的电力系统运行经验以及电力工作流程信息对各项故障问题精确化判断，制定模拟以及修理方案。

（五）在完善命令调节中的应用

为了更好地运用人工智能技术，必须对已有指令调整路径进行合理整合，以便能有效地检查系统中的故障，并根据自动化发展的原理，对原有系统进行改进，从而有效地防止因系统故障而造成经济损失。同时，通常采用自动化操作装置，完成对系统的自动控制，但在此基础上，需要建立一套完整的指令调整计划，以便在生产中充分了解生产需求，并对出现的问题进行及时处理，以提高经济效益。如果长时间地使用较为复杂的外部机械，会在一定程度上破坏外部结构，严重影响到指令传递质量和速度。科学、合理地分析这些数据，可以有效地解决系统运行中出现的各种问题，从而避免由于软件故障而产生的各种后果。在这一过程中，必须对现行运行路线进行优化，并依据创新整改策略，对存在的问题进行合理分析，挖掘出智能化发展途径，推动电子工程自动化运行和监控工作稳步开展。

三、人工智能技术在电子工程自动化控制中的运用要点

电子工程自动化控制中的生产系统属于产品生产中的重要组成部分，当前要注重对操控程序合理应用，做好各类产品加工生产。在材料选取以及各类搬运活动展开中，电子工程自动化加工控制至关重要。通过对人工智能技术合理运用，能保障各类产品生产加工要素合理配置，在综合调控中生产出更多优质产品。在电子工程控制系统运行中，能提供更多满足生产要求的生产原料。基于人工智能化视角进行自动化控制，可以补充更为稳定的信息传输平台，对信息结构中信息传递较慢的情况进行有效控制，便于提升各项操控命令整体执行力。企业在自动化系统控制环境中，要合理运用人工智能技术，程序管理阶段认识到智能化技术应用价值。在实施实践中，相关人员要严格依照产品生产标准，对各类生产材料科学化处理，合理选取相应的材料信息，将其输入到材料数据库中。将材料融入到加工操作程序中，数据库系统要及时执行操控命令，优化系统结构，做好自动化处理。在电子工程自动化控制中运用人工智能技术，对自动化结构合理优化，能提升各类资源收集采集成效。在信息集中整合中，做好材料信息整理加工，替代自主化生产，提升生产成效，对规划程序线路进行合理规划，在生产阶段做好规范化加工与运作。

四、人工智能技术应用在电子工程自动化控制的相关路径

（一）要注重全面分析产品生产路径

在电子工程中要合理运用人工智能技术，依照自动化控制各项需求，展开自动化生产与设计。在自动化生产中要严格遵循自动化控制各项要求，对自动化系统科学化设计，满足产品各项生产要求，做好科学化检验，科学化展开各类产品生产加工。在电子工程中规范化运用人工智能技术，满足产品模型检验标准要求，设定完善的控制检验程序。基于现有的检验程序，要注重对生产模型全面分析，最大程度地适应各项程序检验标准要求。在各类产品生产中，要注重科学化制定各项生产要求，展开批量化生产。基于生产成效不断优化现有的自动化生产应用结构，实现产品高效化加工。选取人工智能技术对电子工程合理设计，充分优化电子工程自动化发展路径。

（二）做好命令调节路径管控

当前要规范化运用人工智能化技术，对电子工程自动化发展路径集中优化。在电子工程自动化控制中运用智能化技术，能有效检验出生产阶段存在的各项问题。通过整合系统性错误对自动化控制结构进行优化，避免系统运行出现瘫痪。一般来说，在自动化操作设备运用中，要通过发挥自动化控制系统运用价值展开各项命令执行操作，比如做功以及生产工作。对于外部实体机械设备系统，在长期运用中，外部结构会出现不同程度磨损现状。在此类现状下展开命令传输，会影响到实际传输质量，导致内部以及外部做功中出现差异性问题。如果在运行中出现此类问题，当出现不可调和现状时，会导致自动化整体结构逐步崩盘。所以在电子工程智能化技术运用中，要做好科学且智能的调控与检验，分析运行操作中各项差异性问题，有效防止程序出现瘫痪。

（三）优化调控以及检验程序活动

在调控以及检验程序展开中，其属于独立设计产品的重要环节。要注重规范化运用电子工程自动化控制系统，保障各项程序命令调控能有效实现。对可编程逻辑控制设备以及人机交互窗口合理运用，做好产品整体结构优化设计。在电子工程自动化控制中，要规范化选取人工智能技术，做好设计自动化区域、命令传感区域、命令执行区域划分。程序检验以及调控工作要设计在自动化区域，做好各项命令探究，合理调控电子工程自动化程序，这样可以为自主检验活动展开提供各项保障性条件。在电子工程自动化工作展开中，要将人工智能技术规范化运用在电子工程自动化控制中，可以为运维程序控制提供有效的技术保障。通过人工智能技术合理运用，做好规范化的程序设计，执行有效的自检程序命令，能发挥智能检测系统运用价值，及时勘察命令执行中存在的问题，做好规范化调整。技术人员还要做好外部操作命令调整，对数据库各项资料信息不对称现状践行判断，在操作过程中合理优化整体结构，实现运维命令及时调整。

（四）全面整合数据库结构材料选择及材料运输工作

由于在控制流程中的自动化生产系统是生产产品必不可少的环节，可以归纳为应用作业程序、产品加工与实施。在材料选取与加工作业有关工作进行中，电子工程中需运用人工智能技术，将产品各制造工艺要素进行合理整合，从而达到对产品的合理运用效果，这就要求项目管理人员意识到人工智能技术重要性，并将其作为项目运行的主要工具。在执行过程中，员工要严格按照企业产品质量要求，对原料进行科学的加工，切实优化电子工程自动化控制系统的整体结构，提升电子工程自动化水平。

在现代电子工程自动化控制中，合理应用与开发人工智能技术，能有效替代人力对生产线实现自动化控制，还能对生产流程合理协调，便于自主化检测多项生产问题，提升各类电子元件生产效率，为客户补充更多高质量产品。在电子工程电力系统控制中，人工智能技术运用可以全面实现电力系统安全供电，做好系统问题排查，提升电网运行效率，全面发挥人工智能技术运用价值，将此项技术合理运用在电子工程自动化控制阶段，以此来保障电子工程自动化控制稳定开展。

第四章　电子信息技术

第一节　现代化电子信息技术

现代化电子信息技术在交通运输、工程管理及航空航天等行业中发挥着重要作用，在工程管理中的应用尤为突出。现代化电子信息技术是现代产业的重要组成部分，对提高现代化产业的工作效率和产品质量有着巨大作用。现代化电子信息技术具有诸多优势，能够最大限度地拓展现代化产业的发展领域。

一、现代化电子信息技术工程

电子信息技术工程是一门综合性的学科，是以计算机网络为基础，对信息进行采集、储存、综合整理，最终实现对现代化电子信息的处理。随着社会和信息技术的不断发展，电子信息技术工程已融入到各行各业中，为行业的发展带来了新的挑战与机遇。现代化电子信息技术通过与多种科学技术相互协作与发展，进一步扩大了电子信息技术工程的发展空间，提高了电子信息技术的稳定性和有效性。

二、现代化电子信息技术的发展现状

电子信息技术是一项高科技，其发挥的作用不容忽视。

经济全球化作为当今世界主题，极大地推动了电子信息技术的发展，使其逐步成为我国经济的基础支撑之一，推进了我国产业转型的步伐。在科技飞速发展的今天，电子信息技术将传统的电子信息模拟系统转变为电子信息数字化系统，从而带动新产品的研发，最终实现高安全、高精确度、快速率的现代化电子信息技术工程的发展。

三、现代化电子信息技术的应用

（一）在工程管理中的应用

工程管理是保证工程质量的必要条件。电子信息技术应用于工程管理中，大

大提高了工程管理质量水平，进一步促进了工程建设的稳定发展。在工程管理中，电子信息技术的应用主要体现在：

1. 数据处理人员利用电子信息技术进行工程基础信息的录入、储存等数据处理工作，为工程质量提供基础保障。

2. 工程设计人员利用现代化电子信息技术对工程进行方案设计，运用精确的计算法则进行数据计算，提高工程设计方案的可实施性。

3. 企业管理部门利用电子信息技术建立工程管理信息网，将工程的有关信息进行汇总归纳，实现数据共享，保障工程实施的进度。

4. 企业决策者可利用电子信息技术对相关管理部门下达指令，提高各部门间的配合度，共建高质量工程。

（二）在航天航空中的应用

在航天航空领域，电子信息技术为卫星的发射和航空领域的发展做出了巨大贡献。在卫星的定位技术、导弹的发射、战机的战斗力测试中都应用了现代化电子信息技术，大大提高了航天航空事业的发展速度，为我国经济的发展和综合国力的提升提供了有力保障。

（三）在日常生活中的应用

现代化电子信息技术与我们的生活息息相关。在饮食方面，我们利用电冰箱、微波炉等电器设备进行食物储存及加热。在生活中，我们利用电脑、电视机等电子设备对世界进行更多的了解，扩展了视野和丰富阅历。我们所使用的这些日常设备中均运用了电子信息技术，它们极大地提高了我们的生活质量。

四、促进现代化电子信息技术发展的方法

当前现代化电子信息技术发展迅速，与此同时涌现出许多问题。这些问题直接影响到电子信息技术的发展空间。只有清楚知道工程建设中存在的问题，对症下药，才能保证电子信息工程的长远发展。

（一）增强企业创新意识

创新是一个企业生存和发展的重要核心之一。对于电子信息工程建设，创新更加尤为重要。在建设中要加强企业间的合作，善于发现问题，采用发散性的思维去解决问题，促进现代化电子信息技术的发展，提高我国电子信息技术的自主创新能力，使电子信息技术向多元化方向推进。

（二）提高政府对电子信息技术的重视程度

政府应为电子信息工程的发展提供良好的环境，加大重视程度，提高对其的政策支持，携手企业共建优质的电子信息工程，从而使其促进我国经济的发展。

在现代化社会快速发展的今天，电子信息技术已经被广泛地应用到各个行业中，为我国产业自动化的发展做出了巨大的贡献。在今后的日子里，人们应该提高对电子信息技术的认识，不断探索与研究，寻找出更好的可以提高现代化信息技术的相关控制措施，将现代化信息技术的稳定性、安全性、高效性提高到最大程度。提高现代化信息技术的应用水平，为我国现代化产业的发展提供保障，进一步促进我国现代化产业的可持续发展。

第二节　现代电子信息技术特点及发展趋势

电子信息技术是包含多种技术在内的一种综合技术，比如计算机技术、电子技术、通信技术和信号处理技术等。本节简要分析了当前我国现代电子信息技术的发展现状，并对未来技术的发展趋势和发展方向进行了简要探讨，以期能为我国现代电子信息技术的发展及应用提供参考。

一、我国电子信息技术的发展和应用现状

我国电子信息技术的整体发展态势较为良好，在实际发展中，电子信息技术的应用涉及了人们生产生活的诸多领域，整体技术的发展也呈现出智能性、高效性、便捷性等特点。因此，应综合分析未来推动我国现代电子信息技术的发展和进步，加强核心技术的国产化为重要的发展方向。

二、现代电子信息技术的特点

（一）数字化和网络化特点

电子信息技术在发展中的信息数字化是重要的技术成果之一。信息数字化的实现有效提升了信息的传输效率，并降低了信息的传输成本。对于应用企业的成本管控、信息的保存和查询，都发挥了良好的作用。此外，信息数字化技术的应用使得信息在传输中规避了因传输距离造成的信号传输缺失等影响，使得跨区域性和跨国性的信号传输应用成为了现实。电子信息技术网络化方面的特点主要是依托国际互联网技术，将各用户端以网络的形式进行连接，使得各用户端之间的沟通更加便捷，提升了各类数据的应用效率，推动了技术的快速发展。

（二）智能化和自动化的特点

当前电子信息技术在发展中的主要特点是智能化和自动化。智能化和自动化功能的实现，极大地提升了技术的应用效果，为技术应用的经济性发挥奠定了良好的基础。比如，智能化、自动化电子信息技术在制造业中的应用，极大地减少了人工作业程序，并且提升了设备运行操作的效率性，对于应用企业的成本管控、收益增长发挥了重要的作用。此外，计算机技术的发明和应用也成为电子信息技术应用的重要技术手段之一。

计算机技术结合电子信息技术进行工业化应用，使得控制设备在运行中实现了自动化操作和自动化运行的效果，因此，整体分析对于运行设备的应用功耗节约，以及运行成本管控发挥了重要的作用。此外，计算机技术结合电子信息技术的应用，使得软、硬件资源的利用分配更加合理化，对于设备应用性能的发挥以及软件运行的稳定性保障起到了重要的作用。

（三）集成化和微型化特点

在电子信息技术的发展中，集成化和微型化是主要的应用特点之一，集成化和微型化特点的实现，使得技术在应用中更加便捷，技术操作更加方便。比如，当前各类电子设备中的集成电路板为常见的集成化、微型化电子信息技术硬件。此外，除了安装操作方面的便捷性外，集成化和微型化特点的实现，也为技术应用中的信息处理效率提升、微型化设备研发的推进奠定了良好的基础。

三、现代电子信息技术的发展趋势

电子信息技术的飞速发展和应用，极大地促进了社会生产力的提升，因此，各国在其技术的创新研发上都投入了大量的人力、物力及财力。我国现代电子信息技术的基础较为薄弱，与西方国家还存在较大的差距。但随着当前技术的融合发展，我国以阿里巴巴、腾讯、百度为首的科技型企业，在电子信息技术的创新研发中也获得了较大的成果。因此，基于当前我国现代电子信息技术的发展现状，未来技术发展的主要趋势是人工智能技术、智能机器人技术、植入性生物电子信息技术。笔者针对上述现代电子信息技术的发展趋势进行了简要的分析和研究。

（一）人工智能技术

现代电子信息技术在发展中结合网络技术进行发展和应用，整体分析现代电子信息技术发现，其为一项综合性融合型的技术，涵盖电子、通讯、网络、机械、监控、扫描、探测、语音图像识别等诸多技术为一体的融合型技术。基于当前技术的发展现状进行分析，未来现代电子信息技术的发展主要趋势为人工智能技术。人工智能技术即技术在应用中具备一定的思考、学习、判断和交流能力。终极的研究目的是实现人与人工智能的完美交流，并实现人工智能替代人力作业的目的，达到解放劳动力、提升社会生产力、发挥技术应用价值的作用。

（二）智能机器人技术

机器人的出现在一定程度上代替了部分的人工作业项目，但由于其能耗问题、编程问题等方面的限制，机器人技术通常只能成为具有可执行性的移动型作业机械设备。智能型机器人技术理念的提出，以及基于近年来的尝试性实验，使得未来智能机器人技术的实现和普及存在一定的可能性。但分析当前人类社会经济的发展现状和文化科技现状，虽然智能机器人技术的发展具备了初级的技术基础，但要想进行技术的普及和推广，则应先解决伦理道德、归属定位、安全防护、法律规范等方面的问题。

（三）植入性生物电子信息技术

植入性生物设备为近年来医学界、科技界、通讯行业长期研究和关注的课题之一。对于植入性生物电子信息技术的应用，初期发展中主要为可携带设备，主要应用于医学领域以及军事领域中；后期在发展中随着人工智能技术的推进，以及电子信息技术集成化和微型化的快速实施，使得植入性生物电子信息技术的研究和发展具备了一定的可行性。

当前市场需求现状以及技术应用现状发现，未来现代电子信息技术在发展中主要的发展趋势为人工智能技术、智能机器人技术以及植入性生物电子信息技术。但在具体的发展和推进中，应解决知识产权的自主、技术应用中的社会规则问题，这是未来技术发展中的重要内容。

第三节　电子信息技术创新

21 世纪以来，电子信息产业迅速崛起，成为国家现代化经济产业的一个重要组成部分。经济全球化发展，给我国电子信息产业的发展带来了全新的机遇，但同时也是一个不小的挑战，但是由于我国在电子信息技术创新上的不足，导致产业发展进入瓶颈期，如何通过技术上的突破，带动产业发展，是当前电子信息企业急需解决的一个难题。近几年来，我国电子信息技术创新已取得了初步的进展，但是仍然无法跳脱原有的技术体系，可以适当借鉴国外电子信息技术创新的经验，结合我国电子信息产业发展实际情况，建立起符合我国国情的电子信息技术创新体系。

一、我国电子信息产业发展现状

虽然目前我国的电子信息产业市场不断扩大，相关产业均处于一个蓬勃发展的状态中，但不可否认的是我国电子信息技术生产水平仍然较低，技术水平在世界上处于一个较为落后的位置。近几年来，国家出台了电子信息产业发展的相关政策，市场机制不断完善，技术研发的资金投入也在不断增加，电子信息产业在金融危机之后重新迎来了一个高速全面发展的新阶段。

电子信息产业要想长期稳定的发展，就必须进行技术上的革新，拥有属于我国技术专利的电子信息产品。目前，我国的电子信息产品趋于低端化，高端电子信息产品都是从国外进口的。我国人口基数大，综合国力较强，市场大且具备一定的消费实力，如何以消费促生产，为我国电子信息技术创新提供源动力，是政府需要考虑的一个问题。

我国电子信息产业发展受滞，主要有以下几个原因：

①电子信息技术受限。在电子信息产业中，技术才是核心，但是目前电子信息相关的一些核心高端技术，基本由美国掌握，而我国的电子信息生产则局限于加工制造；②电子信息产业跨领域能力低。电子信息产业与其他产业联系紧密，联合发展才是电子信息产业发展的正确途径，但是由于我国的电子信息技术受限，无法实现产业的跨领域联合发展。究其根本是我国电子信息产业发展缓慢，根源在于电子信息技术水平过低，急需进行相关技术的自主创新，才能逐渐实现我国电子信息产业的独立发展。

二、电子信息技术创新面临的困境

（一）创新资源不足

电子信息技术属于现代化科学技术，发展速度极快，对研究型技术人才的依赖程度较高，单单依靠企业的研发力量，是无法实现技术创新的。与电子信息产业发展活跃性高的国家相比，我国对于电子信息技术创新上的投资力度较小，继而导致产业发展得不到足够的资金、技术支持。我国的电子信息产业仍属于初步发展阶段，企业规模较小，在得不到政府支持的情况下，只能以企业盈利为目标，腾不出多余的资金和人力去进行技术研发，导致电子信息技术的创新基本处于停滞的状态。此外，我国产研体系结合不紧密，企业生产与高校技术研发脱节，也是创新资源不足的主要原因，继而导致了电子信息技术创新所面临的困境。

（二）技术标准未完善

电子信息产业的迅速发展，使得企业技术水平参差不齐，很多企业根本无法达到现代化电子信息技术生产的标准，成为了我国电子信息产业发展的累赘。电子信息产业属于高科技产业，只有不断提高信息技术标准，才能给电子信息企业一定的压力，不断进行技术创新，提高企业的生产水平和技术高度。但是，目前我国的电子信息技术标准尚未完善，尤其是产业内企业生产技术缺乏制度的规范，导致部分企业自主研发的电子信息技术得不到制度的保障，企业之间不存在技术上的竞争，形成了一个恶劣的技术研发环境。

（三）电子信息产业制度不规范

电子信息产业与人们的生活息息相关，但是由于我国的电子信息产业市场机制不完善，自主研发技术得不到有效的保护，大多企业为了保证经济效益，常常模仿生产国外或国内先进电子信息产品。在这种市场环境下，如果企业跳脱于这种生产模式，进行电子信息技术的自主研发，就有可能因为研发周期长、经费投资大而出现资金运转不周的问题，使得企业根本无法在残酷的市场竞争机制下存活下来。此外，我国的电子信息产业的存在形式多为外方合资，技术核心由外方提供，由国内企业进行产品的制造，导致现阶段我国电子信息技术创新根本没有物质基础来进行。

三、电子信息技术创新的相关策略

（一）联合高校开发，聚集研发资源

产研一体化，是当前我国高科技产业发展的必经之路。国家对于电子信息技术这一类高新技术研发的经费，大多投入到了各大高校中，但是这些科研成果并没有转化成实际性的产品，导致我国的电子信息产业的技术水平迟迟得不到提升。电子信息企业应该主动寻求与各大高校的合作，在政府的帮助与扶持下，联合进行高新电子信息技术的研发，并将之转化为实用产品。同时，企业与高校的联合，有利于电子信息技术研发型人才和技术型人才的培养，企业可以根据技术研发与生产的实际需求，与高校联合开设电子信息技术学习的相关课程，培养出的优秀人才直接输送到企业，为企业技术创新提供人才支撑。

（二）完善电子信息技术创新体系

无规矩不成方圆，完善的电子信息产业市场机制是保证电子信息技术创新的机制，让企业的技术专利能够得到法律的保护，慢慢消除电子信息产品跟风滥造的现象。现阶段我国的电子信息产业发展速度快，但是制度不完善，大部分的

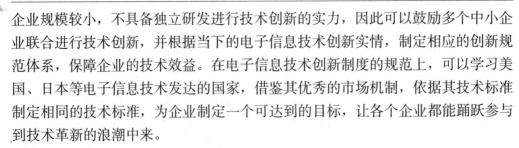
企业规模较小，不具备独立研发进行技术创新的实力，因此可以鼓励多个中小企业联合进行技术创新，并根据当下的电子信息技术创新实情，制定相应的创新规范体系，保障企业的技术效益。在电子信息技术创新制度的规范上，可以学习美国、日本等电子信息技术发达的国家，借鉴其优秀的市场机制，依据其技术标准制定相同的技术标准，为企业制定一个可达到的目标，让各个企业都能踊跃参与到技术革新的浪潮中来。

（三）掌控产业发展方向，健全配套发展体系

产业结构不均，产业发展方向狭窄，是导致我国电子信息技术创新陷入困境的主要原因。因此，国家应该根据我国电子信息产业的发展现状，综合国家经济发展的需要和居民对于电子信息产品的市场需求，把控住电子信息产业的发展方向，保证产业空间分布的合理性，建立健全相应的配套发展体系，以电子信息技术为核心，开创一个全新的电子信息产业新纪元。作为技术型产业，电子信息产业的核心是技术，各大企业的发展重心也应该放在技术研发创新上，同时以技术的领先程度来衡量一个企业的行业地位，健全相应的产品生产体系，以此来创造利润。

创新是一个民族进步的灵魂，是国家兴旺发达的不竭动力，对于电子信息产业而言更是如此，要想长期稳定的发展下去，就必须进行技术创新。目前我国正处于经济转型升级的关键性阶段，电子信息产业的发展是支撑国家经济发展的一个重要行业。但是，由于我国电子信息产业主体为低端化产品，产业跨领域发展难度大，因此目前电子信息技术的创新深陷资源不足、产业发展活力低的泥潭，无法突破。就目前我国电子信息产业发展现状而言，单靠企业自身的力量已经无法实现技术上的突破，必须在国家政策的扶持下，方能开辟出一条路径，切实提高我国的电子信息技术水平。

第五章　电工与电路

第一节　智能建筑电工电路技术

智能建筑是随着建筑业的发展而产生的，智能建筑中的电子设备不断地增多，可以通过这些电子设备的利用来实现建筑的智能化。在智能建筑的建设中，建筑的设计是尤为重要的，同时由于电子设备和电气设备的不断增多，这对电工电路技术提出了更高的要求。只有快速地发展电工电路技术才能更好地为智能建筑的发展提供可靠的保障。所以在我国智能建筑的发展过程中，建筑相关单位把一些精力放在了快速发展电工电路技术上，加快电工电路技术的发展。

一、智能建筑与电工电路技术概述

（一）智能建筑简介

随着建筑业的不断发展，智能建筑也随之发展起来，智能建筑指的是运用综合技术，比如说控制技术、电视技术、光纤技术、数字通信技术、传感技术以及数据库技术等多种高新技术，将建筑物的结构和设备、服务和管理进行合理地优化组合，这样做的目的是为了构建出一个舒适、高效、可以最大限度激发人的创造力、提高人的工作效率的人性化建筑。而目前的智能建筑主要是依靠通信自动化系统、楼宇自动化系统、办公自动化系统建立起来的，并且这三大系统的运行与电工电路技术存在着很大的关系。总之，智能建筑是新世纪建筑业发展的必然趋势。

（二）电工电路技术介绍

目前，电工电路技术得到了快速的发展，它是在建筑业快速发展的基础发展起来的，同时它也是电气工程中的一个重要的组成部分。而现如今的建筑电气设备已经慢慢地趋向于综合性发展，不能单纯地把设备划分为电工类、电子类或者是其它方面，这就要求电工电路技术也要不断地发展来适应设备应用的需求。电

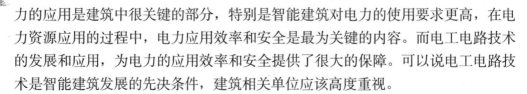

力的应用是建筑中很关键的部分，特别是智能建筑对电力的使用要求更高，在电力资源应用的过程中，电力应用效率和安全是最为关键的内容。而电工电路技术的发展和应用，为电力的应用效率和安全提供了很大的保障。可以说电工电路技术是智能建筑发展的先决条件，建筑相关单位应该高度重视。

二、智能建筑发展现状分析

（一）智能建筑发展现状

我国的基本国情决定了我国必须坚持走可持续发展道路，在建筑业的发展过程中也同样要坚持走可持续发展道路。而智能建筑的建设理念符合了我国的可持续发展战略，也同时符合我国的生态和谐发展的理念。在我国智能建筑的建设中，智能建筑主要表现出来的是建筑的节能环保性、实用性、先进性，同时也体现出了可持续发展的特点。与其他国家相比，我国智能建筑的建设更注重节能减排，要实现智能建筑的高效和低碳。这些建筑理念都是围绕着我国基本国策产生的，这些建设理念会很大程度地促使我国实现降低能源消耗。另外，随着当今社会生产力水平的不断提升，各种现代化技术（计算机网络技术、现代控制技术、智能卡技术、可视化技术、无线局域网技术、数据卫星通信技术等）不断发展和成熟，这些为我国智能建筑的发展提供了有利的条件，智能建筑在未来建筑中的比重会越来越大，将在人们的生活中发挥着不可替代的作用。而今后的工作就是要利用更多的现代化技术，将智能建筑发展成为比较稳定的建筑形式。

（二）智能建筑发展过程中需注意的问题

智能建筑毕竟是一个新兴的建筑形式，在发展的过程中有很多需要注意的问题，比如说要遵循经济上合理、技术上先进、可靠、实用的原则；同时还要遵循实事求是、因地制宜的原则；在智能建筑的发展中要特别注意和重视智能建筑的稳定性和可靠性问题。具体来说，在智能建筑实施过程中工程设计应适应智能建筑技术的发展变化，同时也要慎重选用新技术，技术是智能建筑质量的重要保证。而且在选用技术时，应该选用市场上应用相对成熟的技术，同时还要考虑技术的成本，有利于降低智能建筑的整体成本；在智能建筑实施过程中，每个系统和设备都有自身的适用范围，因此在进行设备选择和应用时，要充分考虑这些问题，应该从每个项目的实际出发，选择适应对路的系统和设备，只有这样才能充分地发挥设备的功能、满足建设的需要；智能建筑中的电力系统对整个建筑的作用是巨大的，它担负着建筑物内的各种任务。所以说一定要注意整个系统的稳定性和可靠性，只有这样才能使建筑弱电技术在智能建筑中真正发挥出智能化管理和智能化控制的作用。

三、电工电路技术在智能建筑中的作用具体应用

（一）电工电路技术的作用

智能建筑的发展依靠着很多现代化技术，智能建筑的建设是在建筑技术的基础之上发展起来的，它是信息技术与建筑技术进行有机的结合的产物。在这个过程中电工电路技术也发挥着巨大的作用，智能建筑中很多设施和功能的实现都是通过电力系统来完成的，而整个电力系统想要更好地运行就必须依靠电工电路技术。在智能建筑中，存在着很多的电力设备，这些设备的设计和安装均不能脱离电工电路技术。特别是在一些特殊设备的安装方面，比如说智能建筑的电子监控方面，就更需要依赖电工电路技术来实现技术操作，电工电路技术的重要性不言而喻。智能建筑给人们的生活和工作带来了巨大的方便，所以说完善的电力系统是整个建筑中不可或缺的设施，这也显示出电工电路技术在智能建筑的重要地位。

（二）电工电路技术的具体应用

电工电路技术在智能建筑中得到了很广泛地应用，主要体现在智能建筑的节能和智能化实现方面。具体说来，在我国经济快速发展的同时，能源的消耗也表现地日益严重，这种情况下节能技术得到了很大的关注，为了更好地解决智能建筑中的能源消耗问题，电工电路技术得到了广泛地利用；智能建筑的特点就是建筑设施智能化，智能建筑中包含了很多智能化的系统，比如说自动监控系统、安全防范系统、停车场管理系统、火灾自动报警及消防联动系统、通信与计算机网络系统、综合布线系统、广播系统、有线电视系统、数字会议及视频会议系统、系统集成等，在这些系统的运行中，电工电路技术都发挥着巨大的作用。当然，电工电路技术还被广泛地应用在其它电力系统方面，所以说完善电工电路技术是发展智能建筑的必要条件。

简而言之，智能建筑是未来建筑工程发展的一个必然趋势，因为智能建筑会给人们的生活和工作带来更大的方便。但是如果想要保证智能建筑的很好地发展，就必须加快建筑技术的发展与应用，特别是电工电路技术的发展与利用。智能建筑有很多与电力相关的系统，所以一定要加强电工电路技术的利用，以确保智能建筑的质量和安全。

第二节　维修电工电路故障检修的方法和技术

在日常生活当中，电气设备已经广泛地被应用，与此同时电气控制电路对人们的日常生活也会带来了重要的影响。但是各种复杂的原因，电路随时都有可能

发生故障，不但会影响人们正常的生产和生活，还会对人们的生命及其财产安全造成了威胁，所以需要我们做好电路检修工作和电路故障查找工作，以此来有效的解决电路故障问题并为电气设备的稳定运行提供了强有力的保证，从而也提高了工作人员工作效率，对企业的发展起到至关重要的作用。

一、电气控制线路检修思路

电气控制的电路形式多种多样且复杂多变，不同的电气控制电路形式之间也存在着很大的差异，而且电气控制电路是由若干个电气基本控制环境构成，不同的电气元件构成每个不同的控制环节，而电器元件则是由不同的零件构成。因此在做电路故障检修工作之前一定要具备扎实的专业基础，并有足够高的专业素养，这不仅仅是工作的需要，也是对自身生命安全保障的需要"。

二、维修电工电路故障诊断方法

（一）经验判断法

维修电工电路故障的诊断方法主要有"问""听""看""摸""闻"五种，用来判断发生故障的范围和具体部位。问，是指询问操作人员故障发生前后设备的运行情况。听，是指设备还能运行的前提下，在通电启动运行后，倾听有无异常响动。如若有异常响动，则应该尽快找出响动部位所在。看，是指查看触头是否存在熔毁、是否出现烧蚀、是否出现线头松动，线头有无脱落、线圈是否出现高热或是烧焦的现象、熔体是否熔断、是否出现脱扣器脱扣、是否有导线连接螺丝松动现象出现或者是其他电气元器件出现发热、烧坏以及断线现象等。摸，是指切断电源后，通过触摸检查线圈、触头等容易发热的部位的温度，并与正常温度相对比，以此来判断电路是否处于正常状态。闻，是指检查电器元件是否出现烧焦味道和高热味道。在工作中需要不断总结与归纳分析更多的经验以及技巧。

（二）逻辑分析法

逻辑分析法是根据结合电路图分析电路工作原理、控制环节的动作顺序以及在控制环节中的各个工作设备之间的联系，再结合故障的实际现象进行具体的分析。这样能有效且快速的缩小故障范围，进而可以更加准确的找出故障点。电气控制分析的重点就是电气控制原理图，一般按照有如下几个步骤进行分析：

1. 对主电路进行分析

首先要对电动机有一个正确的认识，从而可以确定电动机和执行电器的电气启动、电气转向、电气调速和电气制动等和各自的控制方式。

2.对控制电路进行分析

通过分析主电路，在控制电路中找出相对应的控制环节。

3.对辅助电路进行分析

通过对照控制电路来分析辅助电路，比如工作状态显示、照明情况、电源显示及照明情况、故障报警情况以及工作参数检测等

4.对联锁和保护环节进行分析

电气联锁和保护环节是对电气设备安全和电气设备运行可靠的重要保证，可见对其是具有非常大的影响。当然，我们要结合主电路和控制电路对联锁和保护环节进行逐一分析。

（三）实验观察法

实验法是有前提条件的，即在不扩大故障的产生范围，不损坏电气设备以及机械设备的条件下，进行通电实验来试验线路，观察电器元件和电气设备等是否符合处于正常运行状态。还有就是通过对各项控制环节进行检查，观察其是否符合动作程序的要求，以找的故障部位或者是故障回路"。

（四）测量法

通过对仪表、电工工具等进行电路带电检查或者是断电测量来完成测量法。其主要的方式是采用电阻分阶测量和电压分阶测量并以此来找出故障点。

三、维修电工电路故障诊断的步骤

（一）确定故障现场

第一，先向工作人员询问机床的操作情况；第二，观察现场的情况；第三，必要时通电进行观察。

（二）故障原因分析

通过发生观察发生故障的具体现象，分析出发生故障的原因并编制出检修流程图。

（三）诊断故障点

1.断电检查法。当出现外观损坏比较明显的电气故障时才使用断电检查法进行检查，比如电动机过热或者是变压器过热等。

2.通电检查法。当出现机械故障、电气故障、主电路故障又或者是控制电路故障时，我们要用通电检查法。

3.短接检查法。对于短接检查法来讲，不确定短路部位的短接更适合此检查

法。假设用绝缘性比较好的导线对不确定短路部位进行短接而且故障消失，则说明此处短路。在进行检查时，一定要牢固连接接头，不能进行搭接。

四、典型机床电路故障检修方法和技术

其常见故障有其摇臂不能正常升降，电源引入故障以及主轴电机不能正常启动等。

（一）电源引入故障

当电源引入总开关 QF 无法合上时，有以下几种可能：

1. 当钥匙操作触头不能正常断开时，要及时进行更换；

2. 当左、右气箱没有关闭时，要及时关闭气箱。

（二）主轴电机不能正常启动的故障及其排除方法

1. 当 FU 1 熔体熔断时，要及时地进行更换。

2. 当功能操作的十字开关 SA 1 发生损坏或是接触不良时，应当及时采取更换措施或者是采取维修措施。

3. 当接触器 KM1 损坏时，要及时采取的更换措施或者是进行维修。

随着科学技术水平日新月异的不断发展，现代企业劳动组织方式发生了变革，也要求我们现代企业的员工不仅仅需要去提升自己的专业能力，还要跟得上时代的变革，提高自身的创造力。又因为电工是技术性工种，对工作人员的专业技术水平的要求很高，但却存在很大风险，因此还要借助职业技能鉴定工作部门最好有关的考核工作。

第三节　电工电路维修技巧

一、维修电工的基本要求

现阶段我国社会经济发展速度较快，在社会和经济发展的过程中离不开电力的支持，在整个社会环境中，维修电工是一个社会群体的重要组成部分，大部分的维修电工都对电器有一定的了解，为了达到经济社会快速发展对电工的高要求，维修电工在实际工作过程中应该有一定的学习能力，维修电工应该使自己的综合素质水平在实际工作中得到不断提升，学习能力自然包含探索和学习新事物的能力，电工在学习和探索新事物的过程中可以使维修电工的整体质量水平得到提升。

维修电工应满足一些基本要求，因为电工在维修过程中会遇到很多问题和风险事件，如果想要在实际工作中能够独立的解决问题，那么首先维修电工应该

对设备的工作原理和工艺流程有更全面的了解，对各类仪表设备应用情况基本掌握，在测试设备处于正常运行状态的基础上，应在实际工作中对所有电气维修技能形成一定的了解。近年来，电工技术发展速度较快，各种类型的新设备、配件和技术不断出现并得到广泛应用，这也给电工的工作带来了更大的挑战，所以想转化为一个合格的电工，不仅需要掌握电路的维护方法和基本技能，还要注重经验的积累。在此基础上维修电工应不断学习，提高专业知识及动手能力，掌握新产品和新技术。

二、电路维护过程中应注意的问题

（一）电路维护过程中应遵循的原则

设备长时间运行时电路出现问题是不可避免的，所以掌握一定的维护原则可以使维修工作的效率得到一定程度的提升。严格按照流程进行维修，确保个人安全性和设备的稳定性。因此，在设备维护过程中必须遵循一些基本原则。修复工作开始之前必须检查电路电源是否关闭，然后开始维修工作，如果机械设备的电气系统故障，不应该急于机械和设备的检查，首先应分析电气设备故障的原因，对每个电路进行分析研究，分析各层次之间的相互关系原理，确定初步诊断结果，然后进一步检查排除故障。当出现电路故障时不应该急于解决问题，相关人员应首先查明故障表现和故障原因。在电力故障维修的过程中还要检查设备是否有明显的损坏，以及相应的使用年限，然后在此基础上对机械设备进行内部检查工作。对于有严重污染问题的电气设备，在进行故障维修之前，应研究按钮、线路连接位置和接触位置，并检查外部控制键是否有故障。

（二）快速找到故障

各种电气设备在实际运行过程中都会出现故障，甚至会造成严重的事故。电气设备在实际运行过程中会存在相关问题，只要能确定故障原因，就能形成对事故原因的全面、清晰的认识，所以维护工作的难度其实是比较低的。然而，要找到故障的位置和故障的原因需要花费大量的时间。如果说在故障查询过程中的有效性工作较强的措施，那么查找时间也可以得到有效的控制，因此在故障查询过程中使用的方法更为重要。电气设备故障，以外观区分为标准，可分为两种类型，一种类型设备外观出现更明显的变化，在故障分析的基础上，可以得到一些信息，这些信息的基础上，分析了导致故障的原因。另外一种是以上设备外观没有明显变化，一般情况下这种类型的失效引发了继电器、按钮或一个行程开关，在某些情况下有一个接触不良或电线断路问题，在本例中，我们提到，应在仪器和实践经验一定程度的相互集成故障定位和故障原因的基础上找出答案。

（三）要按照特定的流程进行检测维修

首先，一般的工业电气都有一个控制入口和一个控制出口，首先要对电力设备的输电进出口进行检测。然后，检查它们之间的控制电路。其次要检查电源，所有工业电子电路有心脏电源提供的直流能量作为保证，所以维护的基本元素是电源，其必须是好的，能够正常工作，所以对电源进行维护是很重要的。在智能化工业电气维修中要结合软硬兼顾维修，不仅要检查电路中电子设备的好坏，更重要的是要识别出电气产品的"故障"是一个软件问题还是硬件问题。

综上所述，本文介绍了维修电工电路的基本要求，针对电路维修过程中常见的问题，提出了有效的电路维修方法，以保证电路系统的稳定运行。目前，电路维修过程中常见的问题，主要是电路故障检修、维护和电路过程中存在的问题，未来需要改进电路维修技术，加强机电设备的维修保养，从而提高电路维修人员的工作效率。

第六章　模拟电路与数字电路实验

第一节　模拟电路智能化故障诊断方法研究

一、模拟电路故障诊断技术发展综述

电子设备中的电路主要由数字电路和模拟电路两部分组成，数字电路发展到今天，其技术和功能已经十分完善，但客观世界信号的本质决定了数字电路无法完全取代模拟电路，模拟电路仍然应用于航天、军事、通信和其他重要领域，模拟电路和数模混合电路还占了较大的比重，理论分析和实验数据表明，目前大部分电路中数字电路的部分占了80%，模拟电路仅占20%，但是80%的故障又都发生在模拟电路部分，模拟电路的故障率居高不下，对整体电路的可靠性有着重要影响。

（一）模拟电路故障诊断难点

模拟电路故障诊断一般是针对电路发生的软故障。软故障是指元件的参数随时间和环境条件的影响而偏离，元件参数超出电路本身容差范围，从而导致系统的性能异常无法完成预先设计的功能，元件软故障通常不会导致电路的网络拓扑结构改变。

模拟电路的故障诊断起步早，但发展进程缓慢，至今仍然没有可以被广泛应用的方法，相对于数字电路的故障诊断来说，模拟电路诊断主要有以下几个难点：

1.电路参数获取困难，模拟电路的响应一般是连续的，电路板节点多、线路密，而且模拟电路系统一般比较封闭，分层多，受电路板复杂结构的影响，可以进行测量的端口和节点数少，难以获取更多有用的电流电压参数。模拟电路无论何处发生故障都会通过电流电压等电路参数体现，获取电路参数越多，对于故障的定位越容易，如何获取更多的电路参数成为模拟电路故障诊断的一个难点。

2. 故障特征提取复杂，采集到大量参数后，需要对电路参数进行分析比对，而实际模拟电路中的元件参数离散性较大，模拟电路还允许电路元件的参数存在容差。容差的存在导致了模拟电路故障的模糊性，对于含有大量容差元件的电路，获取的大量电路参数中的故障特征是否在容差范围内，是否对电路的其他节点参数产生影响难以确定，有时故障的特征也无法唯一确定，难以保证诊断的准确性。

3. 故障位置的精准定位难以实现，电路网络一般比较复杂，有的电路板故障诊断需要丰富的经验和电路有关知识，对专业知识和经验的要求较高，模拟电路的反馈回路和非线性特征广泛存在，即使在线性电路中非线性问题也无法避免，复杂的拓扑结构和非线性问题极大增加了模拟电路故障诊断的计算量，求解比较困难，对故障定位难以实现。

4. 环境因素影响较大。模拟电路对环境变化比较敏感，其输出响应不仅受电路板和电子元件的制造工艺引起的元件参数的偏差的影响，而且容易受到温度、湿度、电磁干扰等外界环境因素的影响。

（二）国内外研究现状

模拟电路故障诊断方法起步于 20 世纪 60 年代，由于美国军事工业领域的重视，一度掀起研究热潮。模拟电路的故障诊断发展大致可以分为传统模拟电路故障诊断方法和智能化模拟电路故障诊断方法，前者在早期对简单电路的故障诊断效率较高，使用起来相对简单，后者偏向于对大规模集成电路进行故障诊断，较为复杂。

1. 传统模拟电路故障诊断方法及发展

传统模拟电路故障诊断通过在电路可测节点中测量电路信息，推断电路中故障的形式和失效元器件或线路的位置。按照对电路进行模拟分析和测量电路信息的前后顺序，可以将模拟电路故障诊断方法分为测前模拟法和测后模拟法。

20 世纪 60 年代，由于军事工业领域的重视，电路板的故障诊断研究兴起，在接下来的十几年内模拟电路故障诊断技术在全世界掀起热潮，这一时期以测前模拟法为主，测前模拟法指在测量电路信息前，对电路进行模拟分析，再通过节点参数的提取与之前进行的模拟分析进行比对，推断故障的原因。测前模拟法中主要应用的方法有故障字典法和概率统计法，但以故障字典法应用最为广泛。

故障字典法，即通过电路仿真得到各种故障状态下的特征，并将特征和故障之间的对应关系编入字典，在实际诊断过程中，只要对电路实时特性进行采集，就可以从故障字典中查找相应的故障，在故障字典法提出之后，国内外都对故障字典法进行了改进型的研究，Grzechca 等提出一种改进的故障字典法，该方法将模糊理论加入到故障诊断中，可以对具有容差的模拟电路软故障进行诊断；2000

年陈圣俭等在故障字典法中运用支路屏蔽原理，实现了模拟电路的软故障诊断。故障字典法是最早提出的故障诊断方法，该方法使用简单，无需计算，适用于线性和非线性系统的诊断，但是，当测试节点和故障模式较多时，故障字典数据集将非常大，构建故障字典的难度大大提高，不适合应用于大规模电路测试，而且故障字典的故障特征通常是实时的，没有考虑实际的电路容错效果，对于单故障和硬故障诊断、软故障和多故障的诊断效果是有限的。

在测后模拟法中主要有参数识别法和故障验证法。参数识别法根据网络的已知拓扑关系、输入和输出，估计或求解各分量的参数（或参数与标称值的偏差），最终确定网络中的故障参数达到每个分量的容差范围，该方法实际上是一种参数识别技术，适用于对网络中的软故障进行诊断，在参数识别法的研究和应用中，改进型的参数识别法也有很多，如采取系统辨识工具与自回归模型对电路的故障参数进行检测的方法；Long 提出将改进灵敏度分析算法融入到参数识别，解决了参数识别法对可测性要求高的缺点；谢仕炜等利用递推最小二乘法，能够实时辨识多端口的外网静态等值参数，提出了在外部网络信息不足情况下的参数识别新方法，但是参数识别法还存在一些不足，要对电路电路建立数学模型，要测得多处节点的电路参数，计算量大，对非线性电路和大规模电路来说实现困难。

到 20 世纪 80 年代，由于大规模集成电路的问世和普及，故障字典法和参数识别法已经无法满足大规模集成电路故障诊断的要求，一些研究者提出在获取"不完整"的故障信息基础上诊断，先预测网络中故障元件的集合，再利用激励信号和在可测节点取得数据，根据一定判据进行验证，即故障验证法。故障验证法也是实际情况中进行故障诊断的一般思路，在故障验证法中应用最多的是网络撕裂法，该方法主要针对大规模集成电路，主要思想是通过将大型电路网络撕裂成子网络，从而实现大规模电路的故障诊断，但该方法必须在可及节点进行撕裂，否则划分子模块将不能实现故障诊断。国外学者在使用网络撕裂法对模拟电路进行障诊断的研究时，实现了并行稀疏矩阵求解器，用来提高电磁暂态（EMT）仿真软件的计算速度，这种新方法建立在 KLU 稀疏矩阵求解器上，适用于基于电路的仿真方法，对所有非线性模型使用完全迭代，适用于大规模网络。国内学者在复杂模拟电路的故障诊断中，基于交流置换激励，并结合灵敏度分析提出了模拟电路网络撕裂的新方法，故障验证法对使用人员要求较高，需要丰富的经验和大量专业知识储备，还需了解电路的结构等，在大规模电路故障诊断中需要进行大量计算，如何减少验证计算量是故障验证法普及应用的关键。

2. 智能化模拟电路故障诊断方法及发展

20 世纪 90 年代以后，随着人工智能技术的发展，对模拟电路的故障诊断研究进一步深入，基于人工智能的模拟电路故障诊断方法逐渐被发明，人工智能法不需要建立复杂的故障模型，主要包括故障样本训练和测试两个过程，可以智能的自动判断故障类型，同时适用于线性和非线性电路的故障诊断，对解决模拟电路故障诊断中的不确定性和模糊性效果较好，由于人工智能法不需要复杂的数学计算，大大提高了故障诊断的效率，而且要求获得的故障信息较少，适合用于可测节点少的集成电路板和大规模集成电路的故障诊断，人工智能法也成为目前重点的研究方向。人工神经网络（Artificial Neural Networks）和支持向量机（Support Vector Machine）是目前模拟电路故障诊断中应用最为广泛的两种人工智能技术。

人工神经网络是一种模仿神经网络行为特征，进行分布式并行信息处理的算法数学模型。这种网络具有复杂的内部结构，通过调整大量内部节点之间的互连关系，达到处理大量信息的目的。人工神经网络有很多优点，自组织、自学习、自适应能力强，鲁棒性和容错性较好，并行处理能力良好，具备较强的非线性映射能力和分类识别能力。1990 年，Starzyk 对神经网络进行研究，发现神经网络具备的辨识和推理能力非常适用于模拟电路的故障诊断。

基于可测量性方法，一种基于可测性分析的神经网络模拟电路故障诊断方法被提出，该方法首先对电路进行可测试性分析，然后确定可诊断组件并消除不可诊断和难以诊断的组件，这种方法可以减小神经网络的规模并提高诊断效率。神经网络的种类很多，各有其特点和缺陷，为集中发挥各种神经网络的优势，集成的神经网络方法逐渐被应用，并在模拟电路的故障诊断应用中比单个神经网络有更好的故障诊断效果。近几年国外学者提出了基于人工神经网络的三相整流器和逆变器两种电力电子电路的精确缺陷导向参数测试方法，该算法采用离散小波分解作为特征提取的预处理器，采用两种类型的前馈神经网络，例如 BPM-LP 和 PNN，用于故障事件检测。结果发现非常有希望，最高达 99.95%。

在国外研究者对神经网络的研究如火如荼进行同时，国内专家学者紧跟国际前沿。基于不同的算法，人工神经网络的应用方法众多。利用改进型 BP 神经网络对模拟电路进行故障诊断，能够提高网络学习效率和故障诊断效率，但网络结构确定比较困难；结合粒子群优化算法和小波神经网络的神经网络诊断方法，对模拟电路故障诊断效果良好。近几年神经网络算法的研究仍是热点，在优化的神经网络方法中，构建了基于不同算法的改进型神经网络方法。基于狼群算法对 RBF 神经网络进行优化的方法被提出，并通过实验验证了该方法的可行性；基于核覆盖的神经网络模型，能有效构建三层神经网络，对网络结构难以确定的问题提出了解决的新方法。在大规模数模混合电路中，故障模式多而且状态复杂，发生传播的可能性也较大，针对故障传播的问题，模块化 BP 神经网络的故障诊断方法对该问题能够有效解决。神经网络方法对模拟电路故障诊断效果显著的同时也存在了一些缺陷，主要是网络结构确定难，学习速度慢，训练时间长等。

支持向量机是另一种人工智能的模拟电路故障诊断方法，也是目前的研究热点，支持向量机是一种新的机器学习算法，是在统计学理论的基础上，加上出色的学习性能，理论上可以弥补神经网络的许多缺陷，应用前景更为广阔。Salat R 和 Osowski S 用支持向量机作为分类器实现电路故障诊断，在效果和性能上比起一般的分类器更好，Siwek 等对支持向量机方法也进行了研究，他采用的诊断电路是 RC 阶梯网络电路，仿真结果表明诊断精度和效率都较高。Kuraku N VP 研究提出了一种基于概率主成分分析和支持向量机的新型故障诊断方法，用于单相级联 H 桥多电平逆变器中的受控开关，仿真和实验结果表明，通过使用 PPCA-SVM，可以提高故障定位的准确性，减少 CHMLI 故障诊断所需的时间。国内的研究也紧随其后，近几年基于支持向量机的故障诊断研究中，将监督式改进 K 近邻并将其与改进最小二乘支持向量机结合，是支持向量机算法的新的突破；基于改进型果蝇算法，针对非线性系统的故障元件定位提出优化支持向量机方法，提高了诊断的精度和速率；在支持向量机基础上，基于正余弦算法优化的软故障诊断方法在容差模拟电路诊断中有较强的适应能力。

（三）模拟电路故障诊断的发展趋势

模拟电路的故障诊断由于其自身结构及传递信号的性质，实现起来有诸多困难，从 20 世纪 60 年代开始，研究者们从未停止对模拟电路故障诊断的研究，并取得了丰硕的成果，但模拟电路故障诊断的方法仍然较为复杂，从目前的研究现状看，模拟电路故障诊断方法的研究呈现出以下趋势：

1. 增强模拟电路系统自身测试性

从模拟电路故障诊断的关键技术上来看，无论是传统的故障诊断方法还是现代智能化的诊断方法，都需要对待诊断电路进行数据采集和测量，而模拟电路尤其是大规模的集成电路可测的节点少，对电路参数的采集带来诸多不便，在模拟电路设计之初增加可测节点将会减小获取电路的参数，其次可以在电路中加入自检测功能，当电路发生故障时可自动报警标识发生故障的子电路或元件。

2. 进一步对人工智能法进行研究

人工智能方法在问世之初便以很好的学习能力和自适应能力获得故障诊断研究者的青睐，目前人工智能方法的研究成果还存在很多弊端，主要是需要大量的故障样本集和耗费大量系统的训练时间，导致实际操作中比较复杂，无法进行推广应用。要突破人工智能方法的这些缺陷，还需要研究者进行后续的研究。

3. 对模拟电路进行数字化改造

在模拟电路的故障诊断技术研究遭遇瓶颈的同时，数字电路的故障诊断技术已经相对成熟，也有很多专家学者转向将模拟电路改造成数字电路的研究。但是由于模拟电路和数字电路的信号本质区别，数字电路想要完全取代模拟电路仍有难以攻克的困难，但对模拟电路进行数字化改造也必然是一种发展趋势，数模混合电路中数字电路部分所占比重也一定会越来越高。

4.模拟电路的可靠性

是整个电路系统可靠性的重要决定因素，电子技术和产业的快速发展对模拟电路的检测和诊断提出了更高要求，由于电路结构不断复杂化和集成程度的不断深入化，传统的故障诊断方法已经不能满足现大规模集成模拟电路的诊断要求，迫使人们探寻更加智能化高效化的方法，现代信息处理技术和机器学习理论为智能化的模拟电路故障诊断方法研究提供了理论支持，为模拟电路故障诊断技术的进一步发展提供了重要契机。

文中指出了模拟电路故障诊断的难点，在国内外研究现状部分分别对传统方法和智能化方法的发展和研究现状进行了较为全面的综述，并对未来模拟电路的故障诊断发展趋势进行了展望，当前，模拟电路的故障诊断已经取得了大量成果，但在理论和应用方面还存在许多需要解决的问题，对单一故障诊断的方法研究较多，多故障的故障诊断涉及较少，单一的诊断方法应用到实际中效果也不够理想，因此多种诊断方法的结合对系统的故障诊断能力提高也是很有前景的研究方向。

二、模拟电路统一软故障诊断的研究

在现阶段的电子仪器电路中，分为数字电路与模拟电路两种，其中数字电路随着智能化科技的发展而在整个电路中所占的比例越来越大，但是模拟电路具有的可靠性决定了数字电路所无法代替的优势，所以目前的电路都是采用数字电路与模拟电路两个混合联结，互相取长补短、合理分布的完善整个电路系统。但是在这种混合电路中，模拟电路出现故障的几率要比数字电路大的多，严重影响到整个电路系统的稳定性，所以对于模拟电路部分的故障诊断研究是十分重要且具有现实意义的。

（一）模拟电路统一软故障诊断方法的提出

从 1990 开始，全世界的专家们就对模拟电路统一软故障的诊断方法开始进行研究与相关实验，其原理与构造是在故障字典的基础上构建的，根据故障字典法继而延伸出支路屏蔽的诊断模式，而后又进化为根据电路参数随元件的实际状况改变的诊断模式，这两个诊断模式先进的地方在于是根据电路实际数据与元件的实际状况来进行分析与检测，可以根据电路参数的变化与元件参数的联系来作为诊断的依据。

已有研究文献对于模拟电路中的节点电压灵敏度进行了深入研究，构建了根据节点电压灵敏度的微妙变化，构建了新的故障字典，并且根据这个理论提出的对于模拟电路进行软故障诊断的方法，该方法以节点电压灵敏度在电路中的特殊属性为构建基础，摒弃了故障字典的设置，而是对于容差因素进行了对应的方式处理。

以节点电压灵敏度序列法为基础构造出来的故障字典查找范围比较小，运行的速度比较快，所以对于电路的硬故障与软故障都能够进行科学合理的诊断。但是对于电路诊断的范围也有其限制，目前只能够在线性电路使用诊断过程，或者诊断分段线性电路在直流电路方面的故障。以节点电压灵敏度序列法为基础构造出来的故障字典与普通字典的构造相比，其难度与规模都相对较小，它是根据节点电压测量与增量电压的变化关系来设定的，运行简单并且便于操作。

（二）模拟电路统一软故障诊断方法的改进

自从二十世纪九十年代开始，世界专家们对于模拟电路统一故障诊断的方法提出以后，引起业内与社会各界广泛关注与研究参与，专家们在对于模拟电路故障检测的技术与方法不断进行探索与研究，不断进行积极的实验与改进，为模拟电路统一软故障诊断方法的升级与改进提出了诸多新思路。

1. 基于节点电压的增量函数变化诊断模式是基于节点电压灵敏度方法，并且提出建设一种全新的用于诊断软故障的字典法，这种字典也是能够同时兼顾软故障与硬故障。该方法对于线性模拟电路中的元件参数变化进行了研究与实验，只需对于节点电压的增量数据进行相关的处理就能够完成整个诊断过程，更加简单并且具备较高的实用性。但是该方法也只能用于线性电路与分段线性电路在直流电路方面的故障诊断。

2. 对于节点电压的增量因素进行深入研究，根据故障的不同类型与等级来对故障进行客观分类，以高级别故障对低级别故障的包含性，提出并建设一种用于诊断非线性状态下的模拟电路软故障字典法，对于以往的模拟电路软故障检测只能用于线性模拟电路的局限性，该方法对其覆盖范围进行有少量的扩充。

3. 根据传统故障字典法的特征，将其与模糊理论相结合，在节点电压灵敏度的基础上将故障字典发展为模糊理论基础下的模糊规则字典，根据增量电压的变化关系建立向量字典，能够对故障的参数方向进行判别，更加方便在检测中对于故障的精确定位。

4. 根据神经网络与遗传算法的特质为理论依据，将模拟电路中出现的软故障信息进行研究分析后，归纳整理成为信息数据导入到神经网络运算模式中作为实验样本，将导入的样本进行专门程序下的训练与实验，将完成的样本用于模拟电路中各个属性故障的诊断实验中。该方法证明了作为电路故障的基本特性是统一化的，其与模拟电路中的元件参数没有直接关系。

（三）模拟电路统一软故障诊断的发展趋势

目前的研究对于线性模拟电路，以及部分含有非线性元件的模拟电路，在它们共同的软故障诊断方面取得一定的研究成果，但是距离今后的发展目标，即采用智能化故障诊断的需求还是相差甚远。根据未来科学技术的发展轨迹来看，未来应用中的模拟电路统一软故障诊断的发展趋势，有以下几个方面：一是需要对模拟电路软故障诊断的各个功能进行统一规划，制定科学客观的标准；二是对于模拟电路软故障诊断具备一个通用的分析方法；三是对于模拟电路进行按照功能性模块进行分类的分级诊断；四是制定统一规范的诊断模式评估标准。

现阶段所运用与研究的模拟电路故障诊断方法在传统的基础上有所改良，但是都是以寻找统一的方法为最终目的。从模拟电路统一软故障诊断方法的提出的开始，经过漫长时间的实验研究与案例分析，并对其进行各方面的完善与改进之后，已经可以实现多方面可行性的深入化研究。模拟电路统一软故障诊断的研究现状仍然还存在诸多需要解决的问题，随着智能科技的不断发展，一切问题可能会迎刃而解，未来的发展空间还具备广阔的前景。

第二节　模拟电路优化设计理论与关键技术研究

模拟电路主要指对模拟信号进行传输、变换、处理、放大等操作的电路。随着电子技术、网络技术的飞速普及，模拟电路的故障处理、优化策略等逐渐成为影响电子系统正常运行的关键。模拟电路主要分为标准模拟电路以及专用模拟电路等类型，电路中主要包括放大电路、信号运算和处理电路以及振荡电路等，具有函数取值无限多、模拟信号具有连续性等特征，在实际的故障诊断和电路优化环节具有较大的难度。

如何选择恰当的模拟电路优化方法和技术，是能否顺利开展模拟电路优化设计的关键。因此，本文概括了模拟集成电路优化设计流程，对模拟电路优化设计中的关键方法、技术等进行总结，旨在为模拟电路优化相关研究提供借鉴。

一、模拟集成电路优化综合流程

模拟电路优化设计理论可以从多方面进行优化设计，如理论、行为设计、结构、功能等，该模拟电路优化设计理论的思想具有很好的发展前景。模拟集成电路优化综合可以分为两部分：物理综合，即模拟集成电路的高层综合，其又可以分为两部分结构综合和电路级综合；结构级综合，该综合是将电路的扑拓结构利用数学或算法进行行为描述，然后再确定扑拓结构和使用器件的尺寸。

（一）模拟集成电路高层综合方法

传统的模拟集成电路多采用自上而下的设计方式，而在模拟电路优化设计专业电路设计软件平台展开的结构级、功能级、电路级等方向的优化设计，同时这些都属于高层综合方式。其中，要了解用户的对电力功能、性能指标等方面的需求，然后再根据数学或算法进行程序语言描述。

（二）物理版图综合方法

物理版图综合方法是在高层综合法之后进行的，它的工作主要取决于器件尺寸和工艺条件，在此基础上才能设计出规则正确的物理版图。它的功能包括模块和相关器件的布局、布线等有一定的关系，并且还会涉及到一些电源和连接地点。在以往的传统模拟单元版图当中，主要依据过程模块，需要先将电路版图整体进行软件编码，录入相关信息数据，然后才能生产版图。在模拟电路优化理论中，为了得到最佳性能，电路器件尺寸的变化需要对相应的版图结构作比较大的调整。

模拟电路优化设计的最终结果与版图有很大关系，所以想要得到理想的设计效果，需要认真遵循相关原则，主要为以下两个原则，即令产生的电路尽可能满足全部性能标准；使版图能够最大程度实现紧凑。这样的措施需要定制版图，能够运用宏模式版图设计策略进行操作。在进行操作处理时，应当将单个或者特定的结构组件展开优化升级。与此同时，关注模拟期间和专门器件组。由于它们之间参数存在一定差别，所以即便是运用同组参数也会出现不同的几何变化。例如两个匹配的晶体管能够用集合型、堆积型进行布置。针对系统结构出现的宏观变化，需要针对定制板块的某项参数单元进行实际版图设计。为了避免生产过程中出现负面情况，需要对关键器件进行细心的维护。在定制模拟电路优化设计电路优化设计版图的综合工具中，不论处理怎样的宏单元，都需要保证布线和放置的合理性和最优化，并且合理选择几何变化，运用布线进行连接。

二、模拟集成电路优化设计关键技术

当前的电路设计实用的软件有很多，主要有 Proteus、Altium Designer 以及 Multisim 等软件。首先是 Proteus 软件，这项软件能够进行电路图设计、PCB 布线和电路仿真。Proteus 软件分为两个模块，分别为 ARES 和 ISIS 模块，ARES 用来制作 PCB，ISIS 用来绘制电路图和进行电路仿真。其次为 Altium Designer 软件，这个软件通过把原理图设计、电路仿真、PCB 绘制编辑、拓扑逻辑自动布线、信号完整性分析和设计输出等技术的完美融合。最后为 Multisim 软件，这个软件可以进行电路原理图的图形输入、电路硬件描述语言输入方式，具有丰富的仿真分析能力。模拟集成电路优化设计通过以上软件进行操作，可以进一步

减少人为干涉，实现自动控制。当前，对软件工具主要进行以下三方面的优化。

（一）基础优化

在进行模拟电路优化设计时要从基础出发，清楚的了解用户的需求，再根据系统优化算法来制定出模拟电路优化设计的具体参数。其中，数字优化技术是最常见的一种方式，但是其存在许多问题。

1. 在设计电路时先制定好起始点，起始点是电路良好工作的基础，如出现故障会引起人力、财力等方面的浪费。

2. 输入约束，在优化设计时要确定好该线路目标的性能。

3. 系统优化是比较繁琐的，它包含多个部分的优化，因此时间较慢。

4. 在进行优化设计时，需要清楚的了解系统和优化算法，这样可以提高模拟电路的精确度和安全性。

5. 在进行优化设计时，需要借鉴之前模拟电路的设计经验。

（二）版图优化

模拟电路的版图优化需要从数字领域出发，通过标准单元、门阵列、参数化单元方法等来进行操作，但其受版图因素的影响较大。模拟阵列需要先设计好器械的尺寸、配置等，然后再从单个元件阵列变化到电路阵列，同时可以适当地规划一个或更多级的互相连接设计电路。但是也容易出现一下问题：缺乏高性能模拟电路所需的设计灵活性，实现的部分较小；该设计方式中未使用到元件，同时还会浪费电路的硅片面积。

标准单元解决了硅片面积浪费的问题，它的工作是在 DA 的基础上提前设计和布置好的，想要实现单元功能需要调集必需的单元然后布局和布线才能进行操作，因此硅片只用在所需单元，不会造成浪费。将其与模拟阵列相比，其周转次数更长。并且两者都不具备良好的灵活性，在设计灵活性受到一定的局限。虽然标准单元已经在当前的数据领域当中广泛使用，并且取得初步成功，但是仍然会在模拟电路设计中受到限制。因为建立和维持丰富的单元库以能提供宽范围的最多的技术规范具有一定的难度。另外，由于以上两种方法都没有切实考虑到制造工作可能带来的一些影响，进而降低了实际效果。模拟参数化单元的使用需要将版图的设计方法作为基础，它的参数化与标准化单元具有一定的相似度，只是其参数化单元能够允许依据实际需求功能来定值单元，提供的灵活度主要与各个自模块生成器的复杂程度有一定的关系。将一系列的参数进行输入，进而生成了单元版图代码。通过运用这样的方法，能够提升电路元件值的连续性。这样的结果是上述两种方法不能够达到的。但是这种方法在混合模块拓扑与混合布局配置方面仍然会对模拟电路具有一定的限制，并且这种方法与阵列和标准单元一样，未能充分考虑到制造工艺对其造成的附加影响。

（三）知识优化

1. 层次式方法

在模拟电路的优化设计过程中，每个模块都会出现一部分的混合信号。在针对数转换器这样较为复杂的模拟宏模块设计过程中，通常情况会将模拟模块拆分成多个子模块。这类子模块的定义源自于初始模块中的原始定义。完成定义的导出之后，需要将每个子模块进行独立设计，或者将其拆解成更多更小的子模块。将这样的向下层次化分解继续操作，直至分解后的子模块大小能够满足物理实现。然后将其自上而下进行综合，随着再由下向上的版图实现，并且进行设计验证。但是这个过程需要一定的制造成本，所以在进行设计验证的时候需要保持谨慎。并且在设计内容需要保障全部设计功能都能在制造容带差之内。如果设计过程中某一项不能满足规定标准，便需要重新进行设计。

2. 固定拓扑方法

这种方法主要是备用固定电路拓扑当中的计算器件合理尺寸，此类股东的器件电路拓扑与比艾丁器件尺寸大小所依据的理论都被存储在同个知识库里面。将知识的基础作为出发点，固定拓扑方法会对设计灵活度造成一定的限制和约束，因为这种方法的实施是将器件尺寸当做合法设计变量，而这种方法的另一个弊端便是当一个新的拓扑加入之后，会付出一定的代价，这是由于在相似的拓扑中出现了重复知识的低效利用。

3. 混合层次式和固定拓扑的方法

由层次式和固定拓扑结构组合而成的系统附加了设计灵活度，这样的设定令电路库变小，但是电路特性范围却得到了扩展，但是他们的灵活性步入全层次式系统。

第三节　模拟电子电路的可靠性及抗干扰措施研究

电磁干扰、浪涌电流等因素会严重影响电子电路的正常工作，使电子电路无法工作，甚至导致电子系统崩溃，造成不必要的损失，因此对于电子系统设计必须考虑系统的可靠性与抗干扰能力。本文主要从应用的角度出发来谈谈如何有效地提升电路的抗干扰能力及可靠性。

一、抑制空间电磁场的干扰

高频电源、交流电源、强电设备、电弧产生的电火花，甚至雷电，都能产生电磁波，成为电磁干扰的噪声源。对此可采取屏蔽措施，用金属外壳将器件包围起来，再将金属外壳接地，这对屏蔽各种电磁感应所引起的干扰非常有效。

二、提高电源系统抗干扰能力

电源在向系统供电时，也将其噪声耦合到系统电源上，电源耦合的干扰对电路的影响非常大，给系统提供稳定的电源是保证系统可靠性能的关键之一。为了抑制电网电压的波动，可在交流电源输入端加上电源滤波器。让电源频率附近的频率成分通过，而使高于此频率的成分很大衰减。它不仅能够抑制电网传入的干扰和噪声，而且可以抑制电路本身产生的干扰信号，以免危害其它电路或设备。采用高稳定度、低输出阻抗直流电源，以减小电源开启切断时瞬时过电流的冲击，并缩短瞬时过电流冲击时间。

三、提高信号传输通道中的抗干扰能力

信号传输过程中很容易受到干扰，导致所传输的信号发生畸变或失常，从而影响电子电路的正常工作。通常采用如下措施：

（一）利用光电耦合器及滤波器

对输入、输出信号采用光电隔离措施，可将微处理器与前向通道、后向通道及其他部分从电气上隔离开来，有效地防止干扰。对电路板的输入信号及源自高噪声区的信号加滤波器滤波进一步加强抗干扰性。

（二）采用负载阻抗匹配的措施，减小信号传输中的畸变

如果信号在传递过程中出现阻抗不匹配，会产生严重的反射现象，引起信号畸变，增加系统噪声。对此可采用负载阻抗匹配的措施，使传输线两端的负载阻抗和源阻抗与传输线特性阻抗相等，或在源端和负载端加入阻抗网络来匹配传输线的阻抗，消除信号在传输过程中产生的畸变。

（三）采用双绞线传输减少传输线特性阻抗影响

传输线的特性阻抗分布参数必然会影响信号传输。传输线较长时其阻抗不可忽视，他的分布参数包括寄生电容和分布电感，此时为减少传输线特性阻抗的影响，可利用阻抗匹配双绞线。

（四）信号传输过程中差模干扰与共模干扰的抑制

共模干扰产生于电路接地点之间的电位差，差模干扰是和被测信号叠加在一起的噪声，可能来源于电源和引线的感应耦合，其所处的地址和被测信号相同，其变化比信号快，常以此考虑抑制差模干扰。对差模干扰和共模干扰进行抑制通常在信号线或电源线输入端口加共模扼流圈抑制共模电流干扰，加差模扼流圈抑

制差模电流干扰。可在信号线或电源线输入端口增加简单的低通滤波电路。通常的低通滤波器是用电感和电容组合而成的，电容并联在要滤波的信号线与信号地线之间滤除差模干扰电流，或信号线与机壳地或大地之间滤除共模干扰电流，电感串联在要滤波的信号线上。

四、放大单元电路中的自激于消除

严重的放大器自激会导致电路无法正常，因此需要采取必要措施抑制和消除自激。高频自激振荡主要是由于安装、布线不合理引起的。例如输入线和输出线靠得太近，产生正反馈作用。因此，安装时，元器件布置要紧凑、缩短连线的长度，或进行高频滤波或加入负反馈，以压低放大器对高频信号的放大倍数或移动高频信号的相位，从而抑制自激振荡。

低频自激振荡是由于放大器各级电路共用一个直流电源引起的。因为电源总有一定的内阻，特别是电池用得时间太长或稳压电源质量不高，使得电源内阻比较大时，则会引起输出级接电源处的电压波动，此电压波动通过电源供电回路作用到输入级接电源处，使得输入级输出电压相应变化，经数级放大后，波形更厉害，如此循环，就会造成振荡。最常用的消除方法是在放大器各级电路之间加入"电源去耦电路"，以消除级间电源波动的互相影响。

五、电浪涌的防护及其抑制

电浪涌是一种随机的短时间的高电压和强电流冲击，它对电子元器件的破坏性很大，轻则引起逻辑电路出现误动作或导致器件的局部损伤，重则使元件遭到永久性破坏。因此，必须采取有效措施予以防范。常见的措施如下。

（一）集成电路开关工作产生的浪涌电流的防护

集成电路在输出状态翻转时，其工作电流的变化很大。由于这种浪涌电流具有很高的频率，可在集成电路附近接旁路电容（有时称去耦电容加以抑制），根据经验，一般可以在每 5~10 块集成电路旁接一个 0.01 ～ 0.1 μF 左右的电容，每一块大规模集成电路或每一块运算放大器也最好能旁接一个电容。

（二）断开电感性负载时产生的浪涌电压的防护

当电路输出由通态向断态转换的瞬间，由于电感负载上流动的电流突然被中断，在电感中会产生与原来电流方向相反的浪涌电流，在电感的两端会形成一种反冲电压，为了抑制这种电感负载产生的瞬态反冲电压，保护驱动器件，可在电感两端并接一个保护电路。通常可以采用并接电阻 R、RC 支路、二极管、采用齐纳二极管箝位等形式。

（三）接通电容性负载时产生的浪涌电流的防护

电路中用开关电路或功率管驱动电容性负载，在电路输出端由高电平向低电平转换的瞬间，由于电容两端的电压不能突变，对于交变电流，它等效于短路。该电流远大于器件的正常导通电流，有可能给器件带来损伤。为了抑制这种浪涌电流，可以串联一个电感，也可以在接通瞬间串入一个限流电阻，当电容性负载充电到一定程度之后，再撤销这个限流电阻。

六、器件的优化选择

合理地选择所用元器件，可以减少噪声的产生，提高电路的可靠性。例如在低噪声电路中常使用金属膜电阻器，采用云母和瓷介质电容器以及漏电流小的胆电解电容。结型场效应管相对于三极管来讲，具有较高的输入阻抗和较小的噪声，故常用于低噪声的前置放大器。对于强电磁干扰且存在大的共模干扰信号的环境，要传输有用信息时，要选用光电耦合器或光电耦合放大器。应注意元器件的老化问题，并挑选热反馈影响小的器件。对高频电路，应选用适宜的芯片，以减少电路辐射。

在选择逻辑器件时，要充分考虑其噪声容限指标。对于嵌入式系统，为减少系统本身运行时产生的干扰，在满足系统性能的前提下，尽可能选用低频率时钟和处理器。低频电路有效降低噪声并提高系统的抗干扰能力，相反，系统频率越高越容易成为噪声源。

七、印制电路板可靠性和抗干扰性设计

电路板是电源线、信号线和各种元器件的高度集合体，在系统运行时，他们之间不可避免的存在相互之间的干扰，因此，在设计绘印制板图时，应充分考虑印制板的抗干扰性。

（一）合理设置印制导线

导线最小宽度和间距一般不应小于0.2mm，布线密度允许时，适当加宽印制导线及其间距。电路中的主要信号线最好应汇集于板中央，力求靠近地线，或用地线包围它，信号线、信号回路线所形成的环路面积要最小；要尽量避免长距离平行布线，电路中电气互连点间布线力求最短；信号线的拐角应设计成135°走向，或成圆形、圆弧形，切忌画成90或更小角度形状。相邻布线面导线采取相互垂直、斜交或弯曲走线的形式，以减小寄生耦合；高频信号导线切忌相互平行，以免发生信号反馈或串扰，可在两条平行线间增设一条地线。妥善布设外连信号线，尽量缩短输入引线，提高输入端阻抗。时钟引线、行驱动器或总线驱

动器的信号线常常载有大的瞬变电流，其印制导线要尽可能地短；走线时应与地线回路相靠近，不要在长距离内与信号线并行。总线驱动器应紧挨其欲驱动的总线。数据总线的布线应每两根信号线之间夹一根信号地线。最好是紧挨着最不重要的地址引线放置回路，因为后者常载有高频电流。对于那些离开印制电路板的引线，驱动器应紧挨着连接器。而对于电源线和地线这样的难以缩短长度的布线，则应在印制板面积和线条密度允许的条件下尽可能加大布线的宽度。

（二）合理布置器件

器件布局不当是引发干扰的重要因素，所以应全面考虑电路结构，合理布置印制板上的器件。在印制板上布置元器件，原则上应将输入输出部分分别布置在板的两端；电路中相互关联的器件应尽量靠近，以缩短器件间连接导线的距离；工作频率接近或工作电平相差大的器件应相距远些，以免相互干扰。在印制电路板上布置逻辑电路，原则上应在输出端子附近放置高速电路，如光电隔离器等，在稍远处放置低速电路和存储器等，以便处理公共阻抗的耦合、辐射和串扰等问题。在输入输出端放置缓冲器，用于板间信号传送，可有效防止噪声干扰。

（三）合理的接地技术

接地是控制干扰的重要方法，正确选择单点接地与多点接地，低频电路中信号的工作频率小于 1MHz，它的布线和器件间的电感影响较小，而接地电路形成的环流对干扰影响较大，因而应采用一点接地。当信号工作频率大于 10MHz 时，地线阻抗变得很大，此时应尽量降低地线阻抗，应采用就近多点接地。当工作频率在 1~10MHz 时，如果采用一点接地，其地线长度不应超过波长的 1/20，否则应采用多点接地法。将数字电路与模拟电路分开，电路板上既有高速逻辑电路，又有线性电路，应使它们尽量分开，而两者的地线不要相混，分别与电源端地线相连。要尽量加大线性电路的接地面积。尽量加粗接地线，若接地线很细，接地电位则随电流的变化而变化，致使电子设备的定时信号电平不稳，抗噪声性能变坏。因此应将接地线尽量加粗，使它能通过三倍于印制电路板的允许电流。数字电路部分与模拟电路部分以及小信号电路和大功率电路应该分别并行馈电。

（四）合理的处置元件的多余空脚

对于数字集成电路多余端的处理也是抗干扰措施之一。即 CMOS 或门、或非门多余输入端应接地（低电平），CMOS 与门、与非门多余输入端不允许悬空，应接电源，TTL 与门、与非门最好是将不用的输入端通过一个 1kΩ 左右的电阻接到电源上，或门、或非门多余输入端应接地。

对于微处理器芯片的悬空引脚常给系统带来不可预测的控制紊乱，因此为提高系统的稳定性需处理好未用悬置的引脚。通常可将微处理器未用引脚接高电平或接地，或定义成输出端；未用的外部中断接高电平；未用的运放同相输入端接地，反相输入端接输出端等。

电子电路可靠性和抗干扰能力涉及许多学科，很难进行全面的讨论，在电路设计、制造、安装和运行的各个阶段，都需要考虑其稳定性、可靠性，只有这样才能保证整个电路系统长期稳定、可靠、安全地运行。

第四节　便携式数字电路实验板的设计

在设计这种便携式简易数字电路实验板时，力求做到体积小成本低，时刻关注设计出的实验板的性价比，保证在拥有便携性的同时又满足实验的正常要求。文章对于实验板的电路不断改进，在材料选取和接线布置方面投入了大量精力，最终研制出了这款适合学生研究学习使用的简易数字电路实验板。经实践证明，该实验板能完全满足任何地点任何形式的实验要求，现分享实验板的结构和原理，希望为广大师生提供便利。

一、便携式简易数字电路实验板电路原理和优势分析

本文设计的便携式简易数字电路实验板具有体积小巧、电路简单、制作方便、操作简便、便于存放的特点。该便携式简易数字电路实验板具体由电源部分、逻辑开关输入部分、逻辑开关输入电路部分、逻辑电平显示电路部分、时钟信号电路部分、数码显示电路部分、IC 测试插座部分这七种基本部分组成，其中有 4 个 VCC、GND 端子，分别负责高低电平提高，4 个直插芯片帮助实验板进行电路拼接。逻辑电平开关负责接收制数字逻辑高、低电平信号，逻辑电平显示电路显示电平的高低状态，数码显示电路显示 0—9 数字之间的十进制数，IC 测试插座安插四种规格的芯片，四种规格分别为：8P、14P、16P、20P，整个电路板电路输出输入接口的连接点均采用空心铜铆钉为材料，将导线焊接于空心铜铆钉上以连接六个部分的电路元件。

相比现有的数字电路实验板，该电路板更易于操作，实验板的操作面板比现有的实验箱更简洁，简化了实验操作，更适应初学者。且采用铆钉连接导线的方式更可靠，解决了现有的实验箱经常发生的接触不良问题。由于体积小，材料低廉，实验板的成本只需几十元，学生可自行制作，方便于课程的开展。实验板的内部结构简单，即使长时间高频率使用导致实验板发生故障，学生也可以在简单指导下轻松维修。

二、便携式简易数字电路实验板组成设计

（一）电源部分

实验板电源电路用直流电源插座将 5V/1A 的开关直流电源作为稳定电源。开关电源自身具有的保护短路功能可以过载保护实验板避免实验电路在使用中受到严重短路的损害，降低故障的发生几率。电源指示灯采用 LED，实验板所有电路所接受的 5V 电压均由 +5V 和 GND 的电源连接点提供。逻辑电平产生电路、单次脉冲产生电路、逻辑电平指示电路由印刷电路板线连接到电源电路的方式供电，其余部分需要依靠导线连接电源供电。

（二）逻辑电平开关输入电路

逻辑电平开关输入电路由 4 个逻辑开关 K1~K4 及两端的 VCC 和 GND 共同组成。四个开关连接到两端的 VCC 和 GND，模拟 8 位的二进制数，负责逻辑电平开关输入电路高电平和低电平的输出。开关分为上中下三档，当开关拨至上档时，开关连接到 VCC 端，则输出电平为高电平（1），拨至下档时，开关连接到 GND 端，则输出电平为低电平（0），开关悬置中档时为高阻状态，则无信号输出。

（三）逻辑电平显示电路

逻辑电平显示电路可以检测信号高低电平的状态。本实验板的逻辑电平显示电路主要分为两部分：三极管 VT1 和 VT2、发光二极管 VDI 和 VD2。当电路测出高电平时，电平显示电路红色 LED 灯亮，表示测出的信号为高电平"1"，测出低电平时，电平显示电路绿色 LED 灯亮，表示测出的信号为低电平"0"。具体工作原理为：逻辑电平输入连接点为 LI-L8，当 LI-L8 的输入连接点被输入为高电平时，VT2 被截止，VD2 不亮，二极管 VD1 显示为红色，当 L1-L8 的输入连接点被输入为低电平时，VT2 导通，VT1 被截止，二极管 VD1 不亮，VD2 显示为绿色，以上为逻辑电平显示电路工作原理 2。在安装时要注意，发光二极管必须贴板安装，三极管元件体与电路板的高度距离要小于三毫米。

（四）1HZ 时钟信号源电路

时钟信号源电路依靠产生的 1HZ 矩形波信号为数字电路提供时钟信号，而 1HZ 的脉冲信号由多谐振荡器产生。实验者只要选择合适的电阻与电容元件，就可以让多谐振荡器电路从三个输出端口输出 1HZ 脉冲信号。本实验板电路的多谐振荡器由 555 定时器构成，有 3 脚可输出 1HZ 的脉冲信号，通过分析多谐振荡器两个暂稳状态维持高低电平的时间，以及多谐振荡器的振荡周期和振荡频率，计算出电阻大约为 71KΩ 时，电路可得到 1HZ 的脉冲信号。

（五）单次脉冲产生电路

本电路主要包含一个按钮开关和一个集成电路 IC5，IC5 中的两个与非门组成一个 RS 触发器。RS 触发器具有的特点是其两个输入端如果加入了不同逻辑的电平，那么触发器的输出端会表现出一种互补的稳定状态，在 R=1、S-0 时，称之为 S 端，触发器为置位，反之则为复位。在电路中利用这种特点，当按动一次按钮开关时，触发器输出 1 个无抖动的高电平脉冲在 DQ1 输出连接点上，用以计数器实验，从而可以有效得防止在输入单个脉冲时产生多个脉冲串，减少实验出错率。

（六）1 位数码管显示电路

数码显示电路显示十个十进制数，较逻辑电平显示电路更为直观。本部分电路包括一个 1 位数码管插座、限流电阻 R17-R24 和 A—G 五个连接点，这些连接点分别与数码管中的发光二极管相连接，其中 COM 连接点是数码管的公共引脚。在用导线将数码管安装在插座上时，如果安装共阳极数码管，则将 COM 连接点连接到电源的 +5V 一端，如果安装共阴极数码管，则将 COM 连接点连接到电源的 GND 一端。

（七）IC 插座测试电路

IC 插座就是可以插入多引脚集成电路的脚座。本实验板中安装有四块双列 16 脚的集成电路插座 ICI—IC4，并在插座上安插 8P、14P、16P、20P 这 4 种规格的直插式芯片，每个插座的引脚都要与外围的连接点相连接，在需连接集成电路引脚时直接用导线连接到对应的连接点，进行"棚架式"搭建电路，同时实现多块实验板也能互相拼接，以满足更复杂的数字电路实验。

我国目前高校所用的数字电路实验板确实有待改进。由分析可知：使数字电路实验板改进原有的体积大、故障多、成本高的特点，增强数字电路实验板的便携性、操作性和稳定性，设计出既满足基本的电路教学，又能完成相对复杂电路实验的便携性。简易数字电路实验板可以打破了教学的地域限制，提高了学生实验的速度，可以引导学生有关电路设计的思想，也让学生的动手能力进一步提升，让电子类课程的教学成果更加显著。

第五节　数字电路实验的改革与实践

为维护国家经济及国防安全，2018 年集成电路被再次写入政府工作报告，位列实体经济发展的第一位，要发展集成电路产业，高素质的复合型创新人才是关键。而作为国家培养人才的高等院校，如何紧密围绕我国集成电路产业快速发展对高水平人才的迫切需求，遵循集成电路发展规律，培养学生的实践与创新能力，这对集成电路专业实践教学体系提出了更高的要求。

数字集成电路实验是集成电路专业理论性和实践性紧密结合的一门基础课程"，其在巩固数字集成电路理论知识、培养学生的动手操作能力以及数字集成电路创新设计与灵活应用的能力等方面起着重要作用。如何在国家集成电路快速发展的大背景下，培养学生运用理论知识解决实际问题的能力，增强学生电路设计与实践创新能力是数字集成电路实验课的主要目标。然而，传统的数字集成电路实验教学模式已不能适应现代集成电路的发展需求，对数字集成电路实验的教学手段、教学内容以及考核方式的改革势在必行。

一、数字集成电路实验存在的问题

（一）实验内容简单

目前大多数高等院校的数字集成电路实验内容较为简单，而且基础性实验所占比重较大。基础性实验大都是基于 EDA 平台实现，例如 CMOS 反相器（inverter）实验，学生首先基于 HSPICES 软件使用 NMOS 和 PMOS 搭建反相器，并分析二极管及 CMOS 反相器的直流特性；其次，通过改变电源电压以及 MOS 管的宽长比得到 CMOS 反相器的电压传输特性曲线（VTC）。通过这类基础性实验，学生虽然能够加深对 CMOS 反相器的理解，但是其内容简单，缺乏综合性。

（二）教学手段落后

传统的实验教学模式，即教师在课堂上给定学生实验内容，并采用集中授课的方式进行实验原理以及操作步骤的讲解，学生只须在规定的时间内得到预计的实验结果，教师就给予实验合格，很显然，这种传统的教学模式较为僵化，学生在课堂上按部就班的完成实验即可，实验的提前预习工作以及课后的问题讨论等都不能落到实处，这种教学模式在很大程度上抑制了学生对实验课程的主观能动性。

（三）考核方式不合理

实验课作为理论课的辅助课程，其成绩只占理论课总成绩很小的比重。而且实验课的最终成绩主要是以实验报告作为主要的衡量标准，然而学生课后所提交的实验报告相似率极高，通过学生问卷调查发现，实验报告抄袭现象较为严重，明显违背了培养大纲的要求。因此，将实验报告作为考核实验的主要衡量标准显然不能真实地反映学生实际的实验操作能力。

二、数字集成电路实验的改革措施

为了更好的解决现阶段数字集成电路实验中存在的问题，主要从教学内容、教学模式以及考核方式三个层面着手进行实验教学改革，从根本上彻底改变学生对待实验的观念与态度，提高学生的主观能动性，进而提高学生对数字集成电路的综合设计能力。

（一）设计循序渐进的教学内容

我院数字集成电路实验改革之前的实验项目都属于基础与验证性实验，例如二极管及 CMOS 反相器直流特性实验，其实验目的主要是使学生掌握 HSPICES 软件的使用方法，通过改变不同参数得到电压传输特性曲线，从而使学生理解 CMOS 反相器电压传输特性曲线的影响因素和调整方法。又例如搭建反相器网络实验，其实验目的主要是使学生理解多扇出反相器链的性能优化方法。这些基础性数字集成电路实验侧重于对理论课堂某一知识点的强化与巩固，旨在夯实学生的理论知识。然而不同课程内容之间也无法实现有效的综合和衔接，对学生创新与综合能力的培养不足。

除了开设类似反相器这种基础性实验外，我实验中心为了更好的提高学生的自主实验能力，设计了一款基于 Altera 片上系统（SoC）与 FPGA 的 DE1-SoC 开发套件实验箱以及实验讲义。实验箱将最新的双核 Cortex-A9 嵌入式处理器与行业领先的可编程逻辑结合起来，能够提供强大的硬件设计平台，在实验教学中与软件配套使用，不仅丰富了实验的内容，而且加强了实验设计的灵活性。

基于实验箱（SME2016 型）与 Quartus II I 设计工具，我实验中心面向集成电路专业的学生增加了 LED 灯、交通信号灯、频率计以及数码管等六个基本的实验项目，以数码管扫描显示电路实验为例，其主要实验目的是使学生理解数码管的显示原理以及扫描显示原理，掌握基于 Verilog HDL 语言的数字电路设计方法以及 FPGA 的基本开发流程。通过以上实验，学生已经能够熟练掌握 FPGA 的开发流程，并且根据自己的能力水平，还能够自行设计一些难度较大的组合时序电路并通过将其加载至 FPGA 中进行验证。此 FPGA 实验平台除了用于支撑本科生基于 FPGA 的数字电路实验项目的开展，而且，该实验平台还提供了丰富的外设资源，便于研究生设计较为复杂的且综合性较高的数字电路科学研究项目。

除了借助实验箱实现一些简单的实验外，我实验中心还循序渐进的开展了一些具有综合性设计的实验项目。主要实验内容有：计数器实验，数字滤波器实验以及 SPI 串行外设接口实验等。这些实验是采用 Verilog HDL 硬件描述语言编写可综合的代码，利用工具 Modelsim 编写测试平台 TestBench，给出输入信号，验证 RTL 代码与 SPEC 的一致性。再使用 Synopsys 公司的 Design Compiler（DC）

进行电路的逻辑综合。Design Compiler 的操作由 Tel 命令来实现，还需要使用 Modelsim 进行时序仿真，利用 Synopsys 的 Prime Time（PT）进行静态时序分析，查看设计是否满足时序要求。整个实验的前端设计实验环境都是在 Linux 环境下实现完成。

这类综合性实验是基础性实验的拓展、延伸和深化，主要实验目的是通过这些综合性实验的实践操作，使学生能够深刻了解现代数字集成电路的设计流程，熟练掌握数字集成电路设计"利器"，即 EDA 工具的使用方法以及 Verilog HDL 硬件描述语言在数字集成电路设计中的应用，不仅能够培养学生综合运用知识的能力，而且能够提高学生的创新能力，为学生日后从事数字集成电路设计奠定良好的基础。

（二）多样化的教学模式

根据实验教学的特点，实验教学改革必须采用多样化的教学模式，我实验中心提出"微课＋集中教学＋实验室开放"三者相结合的教学模式，提高了实验实践教学效果。在实验集中授课之前，学生利用"微课"进行实验预习，并完成实验预习报告；在传统集中授课课堂上，教师根据实验预习的效果有针对性的进行讲解，学生在课堂上完成实验的核心内容；对于综合性的数字集成电路实验而言，实验的设计性较强，课堂之后学生可以在开放实验室继续实验，实验中碰到的问题可以相互讨论或者随时咨询开放实验室的值班教师，学生在实验室的实验待实验完成后有计划的安排学生进行分组答辩，并将答辩成绩计入实验总成绩。通过这种多重的教学模式改革，从根本上提高了学生对实验的积极性和主观能动性。

此外，实验中心计划建立信息化的网络教学平台，通过此平台，教师可以实时管理开放实验室，查看开放实验室的使用情况，还可以实时地发布实验教学资源、完成实验作业布置，作业批阅等功能，学生也可以进行课程资源共享、实验报告递交等任务，并可在线参与课程讨论答疑，为师生的交流和研讨等环节提供更便捷的途径，方便了实验教学活动的开展。该网络教学平台可以将实验教学过程当中需要的课程文档，产生的课程资料记录在"案"，不仅动态记录了实验课程的开展进度，同时也记录了学生不断学习成长的脚步。

（三）"一对一"的考核方式

改变传统的实验课辅助理论课观念，将实验作为一门拥有独立学分的必修课程。考核方式有实验报告、实验答辩以及实验能力达标测试。而实验报告与实验答辩成绩占总成绩的 20%，总成绩的 80% 来源于"一对一"的实验能力达标测试，即一个同学对应一套设备进行测试，这种考核方式能够调动学生的积极性，加强学生对于实验的紧迫感。

"一对一"的实验能力测试考题范围覆盖所有已授内容且根据学生实验水平的高低有难易度区分。学生首先在达标测试系统里预约与自己专业相关的测试题目，并根据预约时间到指定预约地点参加测试。测试时间段，学生按题目要求完成版图设计、电路搭建、测试以及数据记录和分析等，老师现场评测各项指标并按评分标准评定成绩。如果初测不达标者，给予一次补测的机会，若补测不合格，将直接影响学生的正常毕业。

三、教学改革成效

经过师生双方的共同努力，数字集成电路设计实验教学改革取得了不错的成效，学生对数字集成电路设计的积极性与主观能动性有了很大的提高。实验教改之前，数字集成电路实验课是隶属于理论课的一部分，考试成绩只占理论课很小的比分，学生认为只要听好每一节理论课即可，对待实验课的积极性不高，而且对于学习能力较强的学生，实验内容较为简单，缺乏挑战性。

实验教改之后，数字集成电路实验作为一门拥有独立学分的课程，拥有自己独立的考核制度。学生在实验课前不仅需要提前查找资料，做好实验预习工作，而且还需要充分利用课外时间继续实验，方可在规定的时间内完成数字集成电路设计作业。实践表明，虽然综合性实验的难度相对较大，但是大部分集成电路设计与集成系统专业的学生不仅能够接受这种实验，而且表现出浓厚的兴趣。整个实验流程以小组的形式组队，队员们根据各自的兴趣爱好分工协作，极大地提高了学生对实验的积极性。

实验教改之后，学生对数字集成电路设计流程有了一个清晰的认识，熟练掌握了 EDA 软件以及 Verilog HDL 程序设计语言，为后续的学习打下了良好的基础。这在毕业设计阶段体现的尤为明显，由于前期在实验课程中熟练掌握了设计工具以及程序语言，且能够透彻的理解每个电路模块的作用，因此，在毕业设计阶段能够快速完成电路设计，快读进入创新性难点攻克阶段，不仅缩短了毕业设计的周期，而且提高了论文的质量。

在教学内容、教学模式以及考核方式三个方面的教学改革措施后，学生对数字集成电路实验的学习态度有了很大的转变，并且对实验的实际操作能力有了很大的提升。然而，随着集成电路的不断发展，数字集成电路实验的教学改革仍然是一个相当漫长的过程，如何将虚拟仿真应用到集成电路实验中将是我们下一步的工作重点。

第七章　信号与系统实验

第一节　信号与系统实验综合管理系统的研究与设计

信号与系统这门课程是电子通信类的专业基础课程，这类课程理论性强，数学分析多，概念抽象，学生普遍反映学习枯燥无味且比较困难。实验教学直观、生动地把概念和理论转化为实际物理电路，学生亲身实践，观测物理信号，帮助理解理论和概念。采用 Matlab 软件对实验数据进行分析处理，减少人工计算和推理，增添学习兴趣。传统人工管理实验室的方法耗费人力和时间，且在管理功能上存在缺陷，已经不再适应当下的发展，为了提高教学质量和管理服务效率，各高校都在致力于实验管理系统的开发。

一、实验管理系统的架构

信号与系统实验综合管理系统集实验系统和管理系统于一体，遵循资源共享转型建设的需求，在现有实验设备条件的基础上进行进一步的研究开发，构建实验教学综合管理平台。

该管理平台主要包括硬件实验平台、基于 PC 机的实验教学管理系统、网络用户、服务器及数据库系统四大部分。软件实验平台和硬件实验平台通过信号采集/输出模块建立连接，实现硬件实验模块和信号分析处理软件的有机结合，软件平台通过信号输出模块可以灵活提供硬件平台所需的各类实验信号，硬件平台获得的实验结果则可以通过信号采集模块输入到软件平台进行记录、分析和处理，而处理得到的结果又可以通过信号输出模块再次加载到相应的硬件模块，进行更为具象化的展示。

硬件实验平台采用拔插式模块化结构，便于系统维护和后续的功能扩充与更新。硬件模块根据其应用方向分为课程实验模块、课程设计模块和创新训练模块三大类型，而按照其具体功能又可分为系统时域分析、信号频域分析、系统频域/复频域分析、信号取样与恢复、信号调制与解调、典型滤波器、系统模拟、音频信号分析与处理等，箱体提供各模块所需的电源、信号、可调电阻、音频采集和回放接口等资源，按照不同的模块配置和实践教学要求，各种功能模块既能用于课程实验，也能用于课程设计和创新训练。同时，音频采集与回放接口除了可以实现音频信号的分析和处理，还可以作为信号的另外一种展示形式，获取音频的直观听觉感受，这是对信号波形观察视觉信息的一个有益补充，还能激发学生的学习兴趣。

软件实验管理平台是资源共享实验教学管理系统的一个终端，除了提供基本的用户登录、个人信息管理、实验过程管理等功能之外，它还集成了实验教学所需的各种软件功能模块，主要包括：

（一）虚拟仪器模块

提供硬件实验平台所需信号，采集、记录硬件平台实验结果。

（二）信号分析与处理模块

采用连续／离散、变换域的各种方法，对虚拟仪器采集的结果进行分析和处理。

（三）虚拟实验和仿真分析模块

借助于各种仿真软件，为用户提供虚拟仪器。

软件平台与硬件平台相结合，既可以发挥硬件实验和软件仿真实验各自的优势，克服硬件实验难以实现变换域分析的不足，还能建立连续信号／系统与离散（数字）信号／系统的直接联系，有利于信号与线性系统、数字信号处理2门课程实践教学内容的整合与优化，有利于学生理解和掌握各相关知识模块之间的联系，构建较为全面完整的信号与系统知识体系。网络和数据库系统为用户（教师、学生、系统管理人员）提供实验教学资源共享的网络和数据存储服务。

二、实验管理系统的分析与设计

（一）系统目标

实验综合管理系统是从学生个人实验过程管理入手，利用强大的数据库功能，可以对学生的信息进行管理，大大提高了学生的自主学习兴趣和对实验的重视，同时也提高了实验室的管理效率。本系统在设计时需要满足以下几点：

1.采用人机对话的操作方式，数据存储速度快、安全可靠，查询灵活、方便、快捷、准确。

2.对学生和教师及实验室的信息操作简单，方便进行添加、修改和删除。

3. 完善的实验排课管理，可根据需要灵活地调整实验课程信息。

4. 设置实验性质、学分、选修类和必选类，方便学生根据自己的需求选择实验科目。

5. 提交预习报告批阅后方可进行实验，在一定程度上提高了学生对实验的自主性和重视性。

6. 向服务器提交实验报告，电子存档便于今后的教学检查。

7. 教师批阅预习和实验报告，针对课堂表现，给出综合实验成绩。

8. 系统最大限度地实现了易维护和易操作性。

9. 系统运行稳定、安全可靠。

（二）系统设计思路

利用课程资源共享平台，开发相应的实验综合管理系统，对信号与系统实验教学全过程（选题、预习、实验操作步骤、实验结果记录、实验报告的撰写、报告批阅、实验成绩管理等）进行网络化的管理，督促学生从被动学习变自主学习，将实验教学模式从千篇一律、机械化的通识教育转变为具有差异性和自主性的个性化教育，其基本思路如下：

1. 实验教学内容的差异化和自主性。在满足基本教学要求的前提下，对于同一个实验教学内容，信号与系统实验教学平台支持多种不同的实验方案，而同一个实验方案，又可以选择各种不同的实验参数。实验方案和实验参数均由学生在实验教学过程中自主选择。

2. 实验教学环节的进程根据实际情况分为 3 个阶段，即实验预习阶段、实验阶段和实验报告阶段。对每个阶段设置相应的时间段，进行网络化管理，要求学生和实验教师在规定的时间段完成各阶段任务。任课教师对学生完成实验教学环节的质量和效果进行监控。每一个学生采用独立的用户名和密码登录实验系统，其完成每项实验教学任务的过程和结果均记录在相应数据库中。系统采用技术手段对实践教学各阶段形成的实验方案、实验参数、实验结果、实验分析、实验报告等数据进行雷同甄别，并从技术上防止学生复制他人实验结果或者篡改实验记录，督促学生及时地、独立自主地完成实验教学环节的全过程。

3. 在实验预习阶段，学生根据实验教学任务和基本要求登录客户端，自主选择实验方案，计算确定实验参数，并将预习结果保存到网络数据库中。在后续的实验操作过程中，导入自己之前的实验预习方案，若发现预习确定的方案或参数不合理，可以修正实验方案和参数，但不能覆盖原预习结果。在实验报告中，除了正常的实验结果分析之外，还必须对原预习结果不合理的原因以及将产生的后果进行分析。

4.在实验操作阶段，登录实验系统，则从网络自动导入个人预习时确定的实验方案和实验参数，按照实验步骤进行实验操作，分别记录各步骤获得的实验结果，在最终确认之前，允许修改更新实验结果。实验操作完成之后，对各项实验结果进行检查确认，确认后的结果存入网络数据库，不允许再更改。

5.在实验结果分析和报告撰写阶段，学生对实验操作阶段获取的各项结果进行整理并依次进行分析，完成之后由系统自动生成电子版的实验报告或课程设计报告，确认无误后进行网上提交。这样可以实现实验报告的无纸化管理，也能减轻学生撰写实验报告的负担。在整理分析实验结果时，若发现结果有误，也应分析错误产生的原因，并说明正确的结果应该是什么。

6.在报告批阅、成绩管理阶段，实验教师对学生提交的实验教学成果、报告进行评阅，并给出相应的成绩，记录到网络数据库中。

（三）系统实现

实验综合管理系统根据教学角色不同把用户分为3类：系统管理员、教师和学生。针对不同的用户，系统分别赋予不同的权限和功能。

1.系统管理员模块根据管理员的任务和工作需要分为4个部分：

（1）教师信息管理。可对教师的基本信息进行录入，生成教师信息表，并根据教师情况可对这些信息进行增加、删除和修改。

（2）学生信息管理。可及时录入新入学的学生、删除已毕业的学生。

（3）实验信息管理。包括实验方案的设置、实验开课学期、实验课程选修和必选性质、实验学分、实验教学课程安排等。

（4）数据库管理。维护系统的安全和稳定。

2.学生功能模块学生是实验教学的主体，根据学生对系统的需求可分为7个部分：

（1）登陆界面。输入个人的学号和密码，通过系统验证成功后，可进入系统中进行实验。

（2）修改个人信息界面。可修改个人信息，包括电话、邮箱及系统的登录密码等。

（3）实验课程。为学生提供了本学期需要进行的必修实验课程及上课时间、地点和实验教师，还有选修实验课程的介绍，学生可根据自己的兴趣和需要选择性质不同的实验课程。

（4）实验预习。进入实验前学生在规定时间内要完成的预习工作，只有上传预习报告并通过批阅才能进行实验，对一些验证性实验来说，实验预习只是一些参数的确定，而对开放性实验或者课程设计来说，实验预习还应向系统提交一份完整的实验方案。

（5）实验过程。导入之前提交的预习报告，按照系统中各个实验的指导书，按步骤进行实验。

（6）实验报告。在实验过程后对实验结果的处理和分析，都要在实验报告中体现，假如在实验过程中发现之前的预习参数有问题，可在实验报告中及时修改，并标注出错误原因。

（7）实验成绩查看。方便学生随时跟踪自己本次的实验成绩，还可以查询以往实验成绩。

3. 教师功能模块教师是实验综合管理系统的教学监督及管理人员，针对教师用户的需求，这一模块可分为 5 个部分：

（1）教师登陆界面。输入个人的职工编号和密码，通过系统的验证成功后，可进入系统中进行实验。

（2）个人信息修改界面。可修改个人信息，包括电话、邮箱及系统的登录密码。

（3）实验课程界面。可呈现教师本学期的实验课程以及实验地点、时间和班级。

（4）实验报告批阅。可对学生提交的报告进行批阅，有重大错误的需要反馈给学生，及时指正学生。

（5）实验成绩评定。教师批阅学生完成的实验报告，针对学生实验操作过程中的实际表现，综合评定学生的实验成绩。

三、系统设计的特点

根据信号与系统实验资源共享建设指导原理，结合当前实验室具体情况和学生数量，设计的系统具有以下的特点：

（一）软硬件结合

这样的实验教学系统不但可以通过硬件平台把概念变为形象、生动、直观的图像和实例，利用软件进行信号的处理和分析，减少了手工繁杂的理论计算，而且学生还可以亲身实践，接触到实际硬件电路，真实地观测物理信号，增添了实验的乐趣。

（二）教师全方位介入

整个实验过程还是延续传统实验教学的优点，集中进行实验，不仅可以观测学生整个实验过程，防止别人替代的行为，而且学生实验中遇到问题时还可以及时地同教师和周围同学沟通，加快解决问题的速度。

（三）脱机和联网运行相结合

系统采用客户端、服务器和数据库的结构，就是要实现在网络化的条件下实验也可按计划进行。客户端中包含所有实验，即便本学期不再开设这门实验课程，学生在有学习需要时也可随时在自己的电脑上学习，打破了实验课程学期的约束性。

（四）多元化的实验管理功能

在网络已经完全覆盖学校的大网络环境下，学生和教师的信息、实验课程安排、实验成绩查看等都可以网络化管理。

（五）强大的数据库系统

教师和学生的个人信息、学生的实验预习报告和实验最终报告、实验成绩存储都需要一个存储数据量大、功能强、读取速度快的网络数据库，并且还能包容各种形式的数据处理结果。

（六）实验自主性和实验内容差异化

实验分阶段进行，要求在规定时间按一定顺序完成实验，并且能够针对同一实验设置不同参数和不同实验方案，供学生自主选择。

（七）防抄袭和篡改设置

系统中对实验报告和实验结果进行加密处理，防止学生间互相复制和篡改。

实验教学综合管理是一个必然的发展趋势，将传统的实验模式加入到虚拟仪器和网络化的管理中，使学生在实际动手的同时加深对课程的理解。实验综合管理系统既督促了学生自主学习性，又提高学生对实验的兴趣，同时还方便教师对实验过程的掌握。系统还特别设有防抄袭、防篡改的功能，进一步保证了实验教学的质量。数据库管理学生实验报告，极大方便了教学评估。

第二节　基于 MATLAB GUI 的"信号与系统实验"仿真平台搭建研究

信号与系统是电信、电科、通信等电子类专业的必修课。该课程的知识结构中所涉及的基本方法和理论需要大量的数学计算和公式的推导，使得课程的学习难度大大增加。作为一门专业必修课，其中的基本概念、基本分析方法、基本定理等知识已经渗透到了通信和信号处理等多个领域，因此掌握好信号与系统这门课程是非常必要的。与之配套的信号与系统实验也变得难以掌握和操作。针对这一情况，运用 MATLAB GUI 作为开发工具，搭建信号与系统实验平台就变得很有必要了。

MATLAB 是一款科学计算类软件，因其强大的数据处理能力、分析能力和图像可视化界面而受到大量用户的认可。其中就图形用户界面（Graphical User Interface，GUI）设计方面，MAT-LAB 也具有强大的优势。本文中的信号与系统实验仿真平台就是利用 MATLAB GUI 的功能进行实现的，简易的操作性，直观的界面，实时的实验结果，可以让学生快速地掌握相关实验项目的知识，并加深对理论课程知识结构的把握。

一、仿真平台结构搭建

该仿真结构搭建主要分为周期信号分析、连续 LTI 系统时域、频域分析、连续系统的零极点分析以及二阶网络状态轨迹的显示这五个实验项目，当然经过学习，学生还可以自己设计实验项目添加在仿真平台中。

二、仿真平台设计研究

基于 MATLAB GUI 的信号与系统仿真平台的设计，主要分为界面设计和回调函数设计两部分。在界面设计中主要利用 MATLAB 用户界面提供的 GUI 按钮，针对不同的功能选择不同的 GUI 按钮进行界面的设计。而回调函数则是可编程的 .m 文件，根据不同的实验项目要求编写不同的代码，从而实现不同的功能，达到预期的实验效果。

（一）主界面设计

对应主界面的用户界面设计图中列出了该仿真平台目前设计的五个实验项目名称，实现都是通过选择 text 文本按钮实现的，在相应的 string 项中写上对应的文字即可。"点击进入"则是通过选择按钮 push-button 实现的，在对应的 string 项中填上相应的文字即可。axes1 和 axes2 主要是用来实现主界面中的两张图片的，通过编写 main.m 文件实现图片的显示。根据实际需要，学生可以运行实验仿真系统，进入实验仿真环节。运行系统后再选择相应的实验项目"点击进入"按钮到相应的实验项目进行仿真。点击"退出实验平台"按钮则回到退出界面，再点击"退出实验平台"则结束实验仿真。

（二）子界面的设计

实验项目"二阶网络状态轨迹的显示"为例介绍该平台的子界面设计。实验项目编辑界面设计中共使用了 5 个静态文本 text、3 个编辑 edit、3 个按钮 pushbutton、3 个轴对象 axes 分别用于输入电路参数 RLC 的值，以及显示电路的状态轨迹图像。根据理论知识得知电路的状态轨迹分为无阻尼、临界、欠阻尼和过阻尼四个状态，而四种状态可以由阻尼系数 E=0、$\xi=1$、$\xi<1$、和 $\xi>1$ 来判断。根据公式 $2\xi=$ 得知，四种状态轨迹的显示主要由电阻 RLC 的取值共同决定。根据实验项目对于四种状态的运算过程将通过 m 回调函数的编写实现功能。

三、实验仿真平台效果测试

根据二阶网络状态轨迹的编辑界面设计，当点击主界面的"点击进入"按钮则会进入子界面，在编辑框中输入电路参数，点击"状态轨迹的显示"按钮，在 3 个轴对象中则会显示相应的状态轨迹。当 R 的值为 0 时，电路的状态轨迹显示为"无阻尼"。LC 的比值为 1，当 R=2 时，对应的是临界阻尼状态的轨迹。经测试实验仿真平台的实验效果可以达到预期的目标。与理论课程中的知识相匹配，并且显示更直观，更易操作和理解。

基于 MATLAB GUI 界面的"信号与系统实验"仿真平台，界面设计简易，界面呈现优美，实验结果图像清晰，显示结果直观。通过实验效果的显示，可以使学生更好地理解理论知识结构，提高学习兴趣，改善了公式的推导的枯燥性，使得学习效果成倍增加。根据设计操作的简易性，学生还可以进行自主编辑界面和添加实验项目，使得学习灵活性大大提高。

第三节　基于实验箱和 Matlab 相结合的信号与系统实验的改革

实验课程教学是保证和提高新工科人才培养质量的重要环节之一。然而，传统的"信号与系统实验"课以硬件实验箱为操作平台，这种线下实体教学具有直观、实战性强、锻炼实践能力等优点，但也存在一定问题，如硬件实验器材（如示波器探头、实验箱开关电源、实验模块管脚、连接导线、频谱分析仪等）老化损坏、维修成本高、维修不及时、可扩展性不强等问题。然而，线上实验教学也有一定弊端，如学生无法深刻体验实验设备和仪器、操作实践无法落地等。因此，文章对"信号与系统实验"课程开展线上 + 线下相结合的实验教学模式探索和实践，分别针对线上、线下实验教学的具体问题，提供有效的教学改革措施，切实提高学生实验课的学习效果，提升"信号与系统实验"课程的教学效果。

一、"信号与系统实验"混合式教学改革的必要性

黑龙江大学开设的"信号与系统实验"课程一直与"信号与系统"理论课相辅相成。2009 年以前，该课程是理论课的一个重要部分，2009 年以后，独立设

为必修课，足以看出"信号与系统实验"课程的重要性。作者根据多年的实验教学经验，总结出完全采用线下教学或线上教学存在的一些问题，具体如下。

（一）完全采用线下实验教学存在的问题

1.课前预习效果不好

多数学生在预习环节花费的时间较少，无法达到了解实验目的和原理、掌握基本实验步骤、完成实验预习问题的要求。

2.扩展实验困难

一些实验启发性和实践性很强，如谐波幅度和相位对波形合成的影响、抽样定理实验、滤波器的设计等。对于学习能力较强的学生开设一些扩展性实验启发其创新性能力是非常必要的，但限于实验室条件、实验学时、实验项目经费不足等因素，线下开设扩展性实验很困难，这就限制了学生探索性和创新性能力的发展。

3.实验时间、地域不够灵活

"信号与系统实验"线下实验课要求学生在固定的时间段到实验室完成实验内容，时间和地点不够灵活，不能像线上实验那样自主掌握实验时间和地点。

4.教师统计成绩困难

教师在完成实验教学任务后需要记录出勤情况、实验操作表现、批改实验报告、整理期末成绩等，需要付出很多时间和精力。

（二）完全采用线上实验教学存在的问题

2020年新冠疫情期间，为积极响应教育部"停课不停教，停课不停学"重要指示，"信号与系统实验"进行线上教学实践。教学实践表明，完全线上实验教学尽管打破了时间和空间的限制，但也存在一定弊端。例如，师生对实验教学过程监管和指导很难做到实时、客观，实验效果很大程度上取决于学生的自主性和自觉性，教师很难及时纠正学生实验过程中出现的问题。同时，学生对实验设备和实验仪器没有体验感，仅能通过在线仿真实验平台进行简单的连线操作和观察，操作相对简单，没有具体调试、纠错、测量等实践过程，实践能力和体验感不理想。

黑龙江大学电子工程学院融合多样化信息教学手段，与南京润众科技有限公司合作，利用该公司提供的、与线下实验箱完全配套的"信号与系统在线实验平台"，借助"超星学习通"学习平台，构建了"信号与系统实验"混合式教学模式。在线上实验阶段，学生只要具备网络和终端设备，就可以随时开展线上模拟实验，弥补了线下实验只能在固定时间、固定地点的不足；在线下实验阶段，学生不再完全依赖教师的课堂讲解，而是在线上实验阶段就了解实验原理、实验要点等，提高了线下实验效率和实验效果，同时，学有余力的学生还可以通过线上实验平台完成自选扩展性实验，等线下实验时进行进一步验证。

二、"信号与系统实验"线上教学建设

线下教学设备和线上教学资源是进行"信号与系统实验"混合式教学的基础。线上教学时，以教学大纲为基础，从以下 3 方面进行建设。

（一）即时交流工具的建设

为了做到师生信息实时畅通，方便问题解答、教师发布信息、学生下载线上实验讲义等，任课教师选定并建立了方便、通用、具备文件存储功能的即时交流工具 QQ 群。教师在群公告中发布重要信息、群文件上传线上实验讲义、群聊里回答学生提问。

（二）"超星学习通"课程资源建设

"超星学习通"自主学习平台功能完善，可以满足课程资源建设要求。教师将提前编写的"线上实验指导书"上传到学习通"资料"模块，同时录制与线下实验项目一一对应的"线上实验操作视频"，每个视频资料都设置了任务点，观看 90% 以上内容之后才能进行线上模拟实验，同时进行了防拖拽设置，目的是希望学生能完整观看实验演示视频，对实验原理和实验操作流程有一定把握。

线上实验要求学生提前完成，并将线上实验结果上传至"作业"模块，线下实验时，教师会检查学生线上实验截屏记录，防抄袭防复制，使学生自主完成在线实验。同时，在"讨论"模块，教师对每个实验都有针对性地发布相应的问题，启发学生自主思考，使学生带着问题完成实验。6 个必修的线上实验项目完成之后，在"活动"模块发起调查问卷，了解"信号与系统实验"混合式教学授课效果，以便课程后续的持续改进。

（三）在线实验平台建设

利用南京润众科技有限公司提供的、与线下实验箱完全配套的"信号与系统在线实验平台"，供学生免费进行线上模拟实验。线下实验项目与线上实验项目完全对应，其中线下实验共 12 学时 6 个实验项目，线上实验共 21 个实验项目。学生如果学有余力，在完成必修的 6 个在线实验项目后可以自主地做些扩展性实验。

三、混合式实验教学的实施

在完成线上实验建设后，线下实验阶段可以利用实验箱、探头、频谱分析

仪、信号发生器、计算机等实验教学设备，根据教师提供的线下实验讲义开展具体实验连线、调试、纠错、画图、撰写实验报告等。同时，开展混合式教学时还制定了以下具体措施。

（一）线上学习要求

为了让学生掌握实验原理和操作规范，录制的教学视频设置了任务点和防拖拽功能，要求学生必须完整观看，同时需要回答预设问题。为了方便学生预习理解实验原理和相关基础知识，在新编的实验讲义中补充了预习思考题，使学生带着问题，有目的、有思考地观看视频并给出结论。

（二）线上监管与考核

为了配合线下实验，线上实验要在线下实验之前完成，实验结果以"作业"的形式上传至"超星学习通"，作业评分采用学生互评，每生互评 5 分，"超星学习通"自动统计所有实验项目的平均分数。任课教师可以从手机或电脑终端查看、导出每位学生的实验结果和得分情况，线上实验成绩按一定比例计入学生的总实验成绩。为了巩固和监督学生的线上预习情况，线上实验环节占总评成绩的 50%，既保证了实验过程考核及评价的客观公正，又激发了学生的主动性和积极性。同时，在"超星学习通"平台提交线上实验数据及学生互评，大大减少了实验课教师的工作量，学生互评可以学习其他同学的实验过程，有利于取长补短，实践证明效果很好。

（三）线下教学设计

通过"超星学习通"线上实验学习资源、在线实验平台、线上实验与考核具体要求，学生做实验的效率和效果明显提高。实验问卷调查结果表明，学生线下实验对教师的依赖性减少，线上实验起到了很好的预习和演练作用，开展线下实验之前，多数学生已经掌握了实验相关基础知识。因此，在线下实验讲解部分，教师无需过多地对实验原理和实验步骤重新讲解，只需强调重点难点、实验步骤、注意事项等，同时设计一些思考题和讨论内容，把课堂交给学生动手实践，充分利用课堂时间完成实验内容、讨论题和思考题。教师把更多的时间用于发现和指导学生实验过程中存在的问题，并加以强调和更正，给学有余力的学生布置一些扩展性、探究性实验。

四、合理设定混合式实验教学的课程成绩评定方法

为了客观、公平地评价学生的实验结果，确定了混合式实验教学的课程成绩评定方法：线上实验 50%（学习通视频学习 15%，作业提交 10%，互评结果

20%，讨论交流 5%），线下实验 50%（实验数据正确性和真实性 10%，实验操作 20%，实验报告 20%）。同时，为了确保成绩评价的客观性，每次线下实验课开始前，教师检查学生预习及线上实验情况，实验结束前 15 分钟，教师检查学生的实验数据的正确性和实验完成程度，并依次给出等级评价，作为线下实验操作表现的评价。

改革传统"信号与系统实验"课程的教学方式，构建"信号与系统实验"混合式实验教学模式势在必行。线上实验是线下实验的有力补充，保证了线下实验的预习效果和实验操作的顺利进行，同时线下实验使学生的实践动手能力得到锻炼，从而进一步巩固验证线上实验。"信号与系统实验"混合式教学可扬长避短，互促互利，可以激发学生的实验热情和自主性，提高实验教学效果。

第八章　我国人工智能与电子信息技术的开发

第一节　人工智能赋能经济高质量发展

在世界经济及各国经济的发展过程中，技术进步以革命性的方式集中爆发，在推动经济增长的过程中起着关键性的作用。1956 年美国达特茅斯大学举办的首届人工智能大会上，首次提出人工智能的概念，经过 60 多年的演进，人工智能的快速发展使得世界经济发生了深刻的变革。人工智能能够克服资本和劳动力等实体限制，开创新的价值与增长源泉。继农业向工业转型、工业向服务业转型之后，在人工智能技术的推动下人类正步入第三次经济大转型。从刷脸支付到智慧安保，从线上问诊到云上储存，人工智能正深刻地改变着人们的生活方式，真真切切地提升着人们的获得感与幸福感，引领着全球经济发展方式的全面变革。

至今，尚未有关于人工智能的统一定义。美国麻省理工大学的温斯顿（Patrick Winston）指出："人工智能指的是用以研究如何令计算机来完成那些以往由人才能胜任的智能工作。"约翰麦卡锡（John MeCar-thy）给出的定义是，人工智能是制造智能机器，尤其是智能计算机程序的科学工程。人工智能是用以模拟、延伸和扩展人的智能理论方法与技术及其应用的科学技术。新一代人工智能是基于网络、物理和社会互动的三维空间数据智能，突出与其他产业的融合，不断拓宽人工智能的应用场景，能够实现"智能＋"发展，高质量发展是以新发展理念为指导的经济发展质量的高级状态和最优状态，是一种基于重构新科技革命的生产力和生产关系过程中，创造出来的新经济形态。中国经济已步入高质量发展阶段，正处于高质量发展的动力转换的攻关期，迫切需要新动力的支撑。

中国经济经历了四十多年的高速增长后，实现了经济发展动力向创新驱动的转变。人工智能作为新一轮科技革命和产业变革的重要驱动力，具有带动性很强的溢出效应，为我国经济高质量发展提供着动力支持。经济高质量发展的各种动力源彼此互动联系和作用，构成了高质量发展的动力结构。投资、消费、净出口，共同构成需求动力结构，要素投入、制度创新和技术进步相互作用构成了供

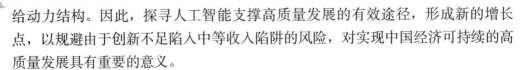

给动力结构。因此，探寻人工智能支撑高质量发展的有效途径，形成新的增长点，以规避由于创新不足陷入中等收入陷阱的风险，对实现中国经济可持续的高质量发展具有重要的意义。

一、人工智能赋能经济高质量发展的需求动力结构分析

（一）人工智能赋能投资动力

人工智能技术的发展带来了前所未有的经济重塑，人类的工作意义及财富的创造方式将会被重新定义。投资人工智能，通过企业的净投资发挥作用，会产生"干中学"的创新效应，促进技术进步，带来劳动生产率的提升，使知识创新成为投资的副产品。生产领域的投资具有物化形式的知识积累特征，固定资产投资所形成的资本，能够产生知识及经验的积累，改进生产效率，并借助于技术外溢效应，在中观和宏观维度突破边际报酬递减规律，以驱动经济发展。作为实物形态创新的人工智能，更易于在实践中应用、学习和模仿，由于人工智能兼具了智能化、科技化与交融化的属性，其学习功能放大了人工智能投资的"干中学"效应，由此而释放的技术进步与劳动生产率的提升效果，将比一般性固定资产投资和研发投资的效果来得更加显著。

发展人工智能，能够改变以往在工业经济时代所采用的"投资—产业—经济高速增长"的策略，转以采用"创新—就业—经济高质量发展"的策略，以创新创业塑造未来产业，推动就业结构的颠覆性变革，实现人工智能的引领型发展，将投资与创新结合、产业与就业融通，以推动资金、知识与机制向"智能"升级，从而改造现有的产业结构，创造出以人工智能为核心，引领中国经济高质量发展的未来产业群。投资结构逐渐由物理基础设施转为数字基础设施，同样也会产生乘数效应，拉动经济持续增长。"新基建"投资具有不受物理空间约束的特征，投资效率不仅远高于物理基础设施，还不会在投资过程中挤占稀缺的土地资源。以人工智能为载体的"新基建"投资，只要充分发挥正外部性，能使各地区与各产业共享到人工智能技术在基础设施应用中所带来的发展红利，最大限度地发挥人工智能技术的创新驱动效应，形成显著的投资驱动增长效应。

（二）人工智能赋能消费动力

技术创新和消费升级已然成为拉动我国经济增长的重要动力，随着人工智能技术的广泛应用，人工智能作为拉动消费的强大引擎，驱动了消费升级更快更稳地发展，相应地消费升级也会为人工智能的发展带来机遇。消费不仅是生产的动力，还能为生产创造出新的劳动力，进而反作用于生产。人工智能不仅能够催生和加速绿色消费，还能够潜移默化地改变传统消费品的形态与功能，创造智能消

费，引导产业升级，更能够通过提升医疗与教育消费的质量，来增加人力资本的储备，为培育高端生产要素创造条件，从而驱动消费升级，赋能高质量发展。人工智能在消费方式、消费业态、开辟新兴消费领域等扩大消费需求供给，实现消费对经济增长的拉动作用，让传统消费领域效率增长，成本降低。在社会再生产中，消费不仅是生产的动力，还能创造出反作用于生产的新的拉动力。人工智能技术的应用使传统的消费品具有更高附加值的全新消费体验，通过绿色交易模式来引导居民消费转变为绿色消费。在融入消费的过程中，人工智能技术的应用，潜移默化地改变着消费品的功能与形态。顺应消费升级，针对个性化服务需求，创新消费场景，为消费者提供更加个性化、智能化的定制服务，创造并传递全新优质的体验。在消费需求升级的引导下，人工智能应用到各行各业，通过产业化运作催生出人工智能的创新产品与服务，改变并影响着教育、交通、医疗、金融等多个消费领域。企业纷纷以智能家电产品为基础，开发出体验式智能家居，搭建贴心的智慧生活的应用场景。从枯燥、繁重的家务劳动中把消费者解放出来，使其拥有更多的可自由支配时间，实现人的全面发展。

（三）人工智能赋能开放新动力

人工智能技术会革新技术范式与生产方式，能够改变不同要素在经济中的回报份额，进而改变各国在贸易中的比较优势，形成新的国际贸易格局。智能技术的发展促进了智慧共享经济的发展，非现场交易活动成为可能，国际贸易合作也逐步向可信贸易方式转变。作为产业辅助地位的贸易，将逐步演化为贸易数字化导向产业的趋势，实现以数字消费为起点的"按需生产"数字化模式。人工智能的应用，影响了企业生产效率状况，从而影响企业的出口决策。基于人工智能的特性，其产品和基础设施表现出了需求规模经济和供给规模经济，人工智能以其复制可变成本低、市场的边际成本低以及沉没成本高的特征，享有价格优势，生产企业可以不受折旧和持续能力的限制，以提高利润。在人工智能对外开放的深度介入下，一方面在大幅降低人工成本的同时，有效地提升贸易竞争力；另一方面能够在优化贸易结构的同时，推动产品与产业质量的变革，助推产业智能化的转型升级，重塑全球产业数字化价值链"。智能科技的发展，极大地提升了贸易撮合的效率，各国纷纷步入网络营销的时代，人工智能成为拉动各国经济增长的新动力。

二、人工智能促进经济高质量发展的供给动力结构

劳动力供给、资本积累和全要素生产率提升是传统经济增长的主要动力源，人工智能作为资本和劳动力两种实体要素的结合体，缔造出全新的虚拟劳动力，它能够以更大规模、更快的速度来复制劳动行为，甚至能够执行某些人类自身能

力遥不可及的任务，它不仅能够提高全要素生产率，更能成为一种全新的生产要素，克服资本和劳动力等的限制，从根本上转变经济增长方式。凭借超人类学习速度的自学能力，突破规模报酬递减规律，随时间的推移愈发出色。

（一）人工智能赋能要素投入动力

1. 人工智能优化生产要素结构

资本和劳动力是推动经济增长的两大常规生产要素，新技术则通过提高全要素生产率来促进经济增长。

现阶段，仅靠增加资本和劳动力，中国已然无法维持以往的高速经济增长，而作为一种全新生产要素的人工智能，能够克服实物资本与劳动力的限制，提高劳动生产率和资本回报率，以更大规模和更快的速度复制劳动行为，开创新的增长源泉，产生革命性的影响，从根本上转变经济增长方式。人工智能的应用，增强了其他要素的生产力，比一般技术改进得更快，可使生产率呈几何倍数递增。

作为全新生产要素的人工智能，通过创造全新的虚拟劳动力来拉动经济增长。人工智能可以补充并提高现有劳动力与实物资本的技术及能力。技术进步具有技能偏向性，新技术与生产过程大规模融合，不断产生技术资本和人力资本，得到更高的投资回报。随着人工智能资本的扩张，对高技能劳动力需求的不断增加，产生技能溢价，具有较高技能水平的劳动力才能快速适应新技术环境，从而使劳动力技能及劳动力质量不断优化。人工智能能够推动技术创新，在不断重复工作中自我学习和自我更新，提升后天习得能力，使复杂的体力任务自动化，提高工作效率。各经济体借助人工智能开辟新的发展空间，人工智能则将深刻地推进结构转型。

人工智能的发展推动了劳动力结构的不断优化，而劳动力结构优化又会反过来促使脑力劳动和智力劳动逐渐成为劳动力最基本的劳动形式，加速劳动力技能的分化程度，不断扩大对高技能劳动力的需求，提升劳动者的创新能力与智力水平，不断更新自身的知识体系和技能体系。

2. 人工智能优化劳动力结构

技术进步能够更好地为人的全面发展提供物质基础。人工智能时代，劳动方式和劳动形态发生着颠覆性的改变。人工智能技术在与生产过程的深度融合中，促进劳动力结构由体力转向脑力和智力，由低技能转变为高技能，迫使劳动者在完善既有技能的基础上，不断学习新技能。人工智能技术的发展能够推动劳动者的知识结构、技能结构和智力结构的不断优化，促使劳动者的劳动技能向更具创造性和价值性发展，提升劳动力质量，促使劳动力结构不断优化，而劳动力结构优化又会促进技术持续进步。

尽管人工智能的应用，在一定程度上会替代部分劳动力，短期可能造成劳动力的结构性失业或技术性失业，但就长期而言，人工智能会产生新的劳动力需求，创造更多工作岗位。在一定程度上，智能化的创新要素可以弥补体制机制创新的不足，而延长人口红利，形成有效供给。人工智能能够有效缓解我国人口结构变化对经济社会造成的不利影响，进而减缓劳动力供需间的矛盾，从而促进经济增长。

作为一项新科技，人工智能的迅速发展加速了劳动力技能的分化进程，不断扩大对高端劳动力的需求，拉大了低技能劳动力与高端劳动力的收入差距。在劳动力供给方面，人工智能不仅能够弥补劳动力供给数量、提升劳动力供给质量，更能够重塑劳动力生产效率。新技术在与生产过程的融合中，不断产生出新的技术资本与人力资本，不断增加技术对劳动力的替代效应和补偿效应，使劳动力结构不断优化。

3. 人工智能提升资本质量

马克思指出，资本不是物，而是在一定社会中，属于特定历史社会形态的生产关系。人工智能是机器发展的高级阶段，乐观的发展前景，吸引着大量的资本涌进人工智能领域。据麦肯锡报告显示，2016 年全球人工智能研发投入超过 300 亿美元，且处于持续高速增长阶段。可观的巨额收益，使人工智能技术得以在资本增值动力的驱使下迅速发展，人工智能既是资本逻辑运行的必然产物，又是资本谋求剩余价值的重要手段，正是资本不断增值的内在本性推动了一轮又一轮的科技创新。因此，从某种意义上来说，人工智能的发展与资本追逐剩余价值的内在本性完全契合。

人工智能通过资本替代重复性工作，实现智能化生产，提高生产率。马克思认为在工厂手工业时期，劳动在形式上服从于资本的指挥。而在机器大工业时期，机器体系重新整合了劳动者和劳动过程，劳动不仅在形式上服从于资本的指挥，作为机器的一部分，劳动者的劳动在工业自动化体系下更为高效。人工智能的发展，使生产摆脱了人的限制，高效地自动完成所有脑力劳动。因此，人工智能的发展离不开资本的驱动，作为资本与技术联姻的产物，人工智能的发展占领科技制高点，进一步提升了资本质量，带来丰厚的利润回报。人工智能快速发展，跨越经济奇点后，能够促进经济以前所未有的速度快速增长，在与生产过程的深度融合进程中，人工智能技术能够促使劳动力结构不断优化，在促进人力资本流动的同时，高效地促进人力资本质量的提升，人力资本的学历、综合力以及岗位和工资收入均显著提升。

人工智能可以通过大数据分析，敏锐地进行判断，做出控制决策，从而处理那些在传统生产过程中存在的安全性差且工作量大、设备闲置等问题，从而改善现有生产要素的效率，提升了资本质量。具备适应环境、不断学习和自我进化能力的人工智能，能够使传统的资产随着智能化进程的演进不断持续升级更新，使资本质量随人工智能而发展。

（二）人工智能的制度创新动力

技术创新是制度创新的延续，人工智能在促进生产效率提升的同时，实现了科技创新，拓展了制度边界。

在经济发展过程中，制度的调整会促进生产能力的提高，对技术进步产生影响，提高全要素生产率，从而获取体制的竞争优势。人工智能技术创新的新特征，呼唤着新的制度供给，需要由政府来推动制度创新，以减少不确定性，从而降低交易成本，为经济高质量发展提供制度保障。制度创新决定着技术创新，而技术创新反过来又需要进一步的制度创新来激发新技术的潜力，对改变制度安排的利益关系产生普遍的影响"同时，国家政策因素对本国经济发展产生重要的影响，制定出台人工智能发展政策、规划，能够进一步推进本国（地区）人工智能的技术创新。

制定出适应人工智能发展的制度安排，能够充分释放出人工智能技术的外溢效应，为高质量发展提供制度动力，随着人工智能科技的发展，人们的生理需求得以满足，无需通过重复性的体力劳动和简单的脑力劳动来谋生，越来越多的人可以从事满足更高层次需求的、更具个性化和多样性需求的活动，可以不再从事物质生产活动，实现人的"自由而全面"发展成为可能。

（三）人工智能的技术进步动力

人工智能技术的特点决定其发展离不开大规模数据支撑，以数据生态来激活创新生态，进而加速人工智能的技术创新，从而推动人工智能技术与实体经济的深度融合，拉动经济增长。人工智能技术作为一项重要的技术进步，通过深度学习技术的发展与应用，能够大幅度降低每次研发的边际搜索成本，使企业以较低的成本来不断地进行技术创新的试错与改进，最终实现创新，用资本替代专业劳动力以降低某些研究领域的准入壁垒，进而激发创新活力。通过增加高技能劳动力来发挥技术创新效应，推动人工智能产业融合，劳动力市场将呈现高技能劳动力就业不断增长的态势。积极推动人工智能的科技成果转化，以技术创新引领产品和市场创新，从而带动产业创新。积极培育人工智能的产品和服务，在大力发展人工智能的硬件产业的同时，结合大数据分析、人工智能软件应用等发展人工智能的软件服务产业。以人工智能产业的发展，来带动新兴业态的成长，从而形成具有国际竞争力的人工智能产业集群，为中国经济高质量发展提供动力支持。

三、经济高质量发展的动力需求

改革开放以来，中国经济在持续了近 40 年的高速增长后，增长动力呈现出消解的态势，近 10 年来增速有所回落，2019 年 GDP 转向中高速增长。据国家统计局公布数据显示，2019 年经济增长率仅为 6.1%，2020 年受疫情影响，我国经济面临下行的压力，高质量发展的动力问题迫在眉睫。此时，迫切需要新的增长动力予以支撑，形成新的增长点，实现我国中长期经济发展目标。若缺少动力引擎，不仅中国经济的高质量发展无法实现，更会由于创新不足而陷入中等收入陷阱的威胁。经济高质量发展的各动力源彼此相互联系、相互作用，构成了高质量发展的动力结构。投资、消费、净出口，共同构成短期动力的需求动力结构，决定着现阶段的增长与就业问题；要素投入、制度创新和技术进步相互作用构成了长期动力的供给动力结构，决定着经济增长的潜力与生产的可能性边界扩大。

（一）创新动力需求

创新是引领经济发展的第一动力，发展动力决定着发展速度与效能。人工智能对经济有着直接的创新力量，将更多地结合知识、技术等要素联动促进经济增长。垂直创新和水平创新成为经济步入高质量发展阶段的创新动力的新需求，垂直创新能够借助研发来提升产品的品质，拓宽高质量产品的市场份额，推动整个行业的技术进步，从而提升经济发展的质量；水平创新则凭借研发增加投入品的种类，提升专业化水平，来提高经济发展的质量，后危机时代，中国经济增长减速的原因不在资本积累，更不在劳动力，而在于技术进步的减速。人工智能基础设施建设具有外溢性特征，与产业的深度融合能够实现人工智能对国家经济的赋能。人工智能深度学习技术的发展与应用，可以大幅度降低研发边际搜索成本，通过大数据的不断"喂养"，借助人工智能的自学功能，企业得以不断进行低成本技术创新的试错与改进，以实现技术创新的突破。高质量发展是经济系统、制度系统和社会系统高度现代化及其演化的结果，是一个不断创造新的发展条件的连续过程，经济结构协调升级，制度在创新激励和社会保障方面发挥着积极作用。在高质量发展中，创新与资本积累的互补能够形成高质量发展的动力，但现阶段投资驱动对经济增长的拉动作用趋缓，唯有通过创新驱动，实现效率变革来推动经济高质量发展，方能解决我国经济高质量发展中的结构性问题。

（二）人力资本的需求

步入高质量发展阶段，当我国的人口红利消失后，高质量发展的动力便会转为人力资本红利，人才的高生产力带动经济实现高质量发展，人力资本成为推动高质量发展的新动力需求，伴随着高质量发展的新旧动能转换深入实施，产业结构升级调整，对人力资本提升提出了迫切需求。劳动人口越稀缺，增加劳动力的边际成本就会越高，就越能体现出人工智能替代效应的优越性，创造的边际价值将会越大，对经济促进作用越明显。人工智能的发展，倒逼劳动力通过教育、培训提升知识与能力，适应社会对高级人才、复合型人才及跨界人才的新需求，以促进人力资本的提升。

中国发展步入新时代，要素禀赋发生了根本性变化，劳动力净增长从缓慢到停滞再呈持续下降的趋势。2018 年劳动力占全球的比重降至 20%；投资能力不断提升，资本形成总额占全球比重高达 26%，资本成为富裕要素，研发投入达21.2%，均超过了劳动力，与发达经济体的关系转变为互补与竞争合作并存。就经济总量而言，人工智能的发展，导致劳动力成本在收入中的贡献度有所下降，提高了将生产活动从劳动力丰富的发展中经济体转移到发达经济体的可能性，使制造业活动从发展中国家回流发达国家成为可能。

（三）制度动力需求

经济增长取决于制度供给与之相匹配，为我国经济高质量发展提供制度动力。建立能提高经济效率的制度是高质量发展的制度动力新需求，要充分发挥市场的创新驱动作用，就必须深化产权制度改革，发挥政府在市场调节过程中的治理机制作用，推动政府进行制度供给创新，减少不确定性以降低交易成本，从制度上提高经济运行效率。

随着人工智能的发展，政府需要制定合理的制度，使人们能够更好地解决对人工智能的发展所带来的诸如就业总量与结构变化、报酬分配不合理加剧等问题，政府可以通过实施全民收入政策，以保证每个人都能达到合适的生活标准。加强中低技能劳动力培训，帮助他们重新就业。

四、人工智能重塑中国经济高质量发展的动力结构

中国经济步入高质量发展阶段，在推动中国经济高质量发展的进程中，面对庞大而复杂的中国经济体，不仅要做好动力转换，更要重塑高质量发展的动力结构，培育高质量发展的新动力。人工智能会增进人的全面发展，为人类赋能并增进人类社会福祉与自由。在承受新冠疫情和贸易保护主义冲击的情况下，通过人工智能赋能需求动力结构的重塑和供给动力结构的再造，推动以经济内循环为主体，国内国际双循环互促的经济循环模式，方能推动中国经济高质量发展。

（一）需求动力结构重塑

1. 进一步优化投资结构

投资在中国经济增长中发挥着强劲的拉动作用，物质资本、人力资本以及知

识资本构成拉动中国经济高质量发展的新"三驾马车"，以人工智能发展为契机，应将投资与人工智能领域创新创业相结合，促使资金、知识和机制向"智能"升级。发挥政府资金"耐心资本"的战略性作用，拓宽民间资本投资渠道，在高质量发展中激发民营企业投资的积极性，实现政府投资和民间投资的互补效应，激活市场竞争，提高生产效率。

注重投资方向、投资结构与高质量发展的有机融合，除了投资人工智能产业自身、人工智能研发外，还应加大在人工智能与制造业深度融合领域的投资，投资人工智能场景应用专用技术，投资数字化、智能化、互联化公共基础设施。基础设施建设投资，在熨平短期经济波动、推动长期经济增长中成效显著，在高质量发展进程中，基建投资仍将是拉动中国经济增长的重要引擎。应加强大数据、人工智能等领域数字基础设施投资，创新人工智能领域基础设施投融资模式，从而充分释放"干中学"效应和技术外溢效应，因势利导，优化"新基建"投资区域，提高"新基建"投资效率，充分发挥"新基建"投资拉动经济增长的作用，避免重复投资和重复建设。在对"新基建"的投资中应充分发挥企业的作用，积极引导民间资本投资，从而规避在基础设施投资中，政府投资对私人投资的挤出效应。

2. 人工智能驱动消费结构升级

我国居民部门的消费率已从 2010 年的 35.56% 升至 2019 年的 38.79%，上升了 3.23 个百分点。但中国经济增速也从 2010 年的 10.6% 降至 2019 年的 6.1%，下降了 4.5 个百分点。2019 年消费对经济增长贡献率达 57.8%，拉动 GDP3.5 个百分点，消费连续 6 年成为拉动经济增长的第一动力。新一代人工智能能够催生需求动力结构的根本性变革，释放更多的消费力，助力高质量发展。人工智能会增加公众对于绿色产品、智能产品的需求，令消费向绿色消费和智能消费升级，激发和拉动绿色生产。人工智能广泛应用于无人驾驶、新能源交通设备等领域，能够在技术上保证分布式能源消费实现智能化匹配，科学地管理能源消耗，促进节能减排，构建低碳社会成为可能。

人工智能技术融入消费，使居民对一般消费品种类、质量、售后等需求不断提升。智能消费品具有多功能性，较高的消费需求与收入弹性，给消费者带来高科技附加值、内容多样的全新消费体验，从而使消费者通过消费活动获得满足感。在一定程度上，智能消费品能够增加消费者的可自由支配时间，推动人的全面发展。

2019 年中国人均 GDP 突破 1 万美元，向高收入国家行列不断迈近，居民对高质量服务的需求大大提升，对教育、养老、医疗和社会服务水平等的需求与日俱增。人工智能能够通过远程控制、远程授课和远程交流，把优质的教育和医疗资源整合起来，提升教育和医疗服务的数量与质量，缩小地区间的差距，推动全国经济的高质量发展。我国正步入深度化的老龄社会，人工智能技术与养老服务的融合，能够提升养老服务的精准化程度，增进老年人晚年生活的质量和幸福感，人工智能技术的发展，使公民对公共服务质量提出了新需求，构建智慧政府再造政务流程，运用大数据、区块链等技术有效减少交流的时间，降低信息传递过程中的失真率，通过精准识别和筛选需求信息、辅助治理主体行为决策、智能优化治理情景并整合治理议题等赋能公共服务需求治理的动力，从而满足公民多样化、个性化、差异化的公共服务需求，提高社会服务水平。

3. 重塑贸易格局新动力

历次工业革命的经验表明，大幅提升劳动生产率，会引致国际贸易格局的重大变革。进一步深化对外开放，通过对外贸易，促进技术溢出。人工智能、大数据、移动互联网等新一代信息技术的发展，颠覆了传统制造业的组织方式，促进世界整体福祉的提升，进而深化国际分工，并推动全球价值链的深度重构，使各国再次有机会重塑全球产业链。对于开放程度较高的东部地区，积极探索人工智能技术研发，不仅能够推动深度融入全球价值链，更有利于提高生产组织能力，延长和优化产业价值链；对于中西部地区，应在有效地利用人工智能自主学习与大数据分析等的基础上，提高产业效率，从而促进地区间的均衡发展。

人工智能技术的应用，会大大提高企业生产率，并促进企业的进出口活动，带动更多的企业参与到全球价值链的竞争中，推动国际贸易的发展。通过自由贸易会优化资源的配置，资源得以由全球价值链的低端转向高端，在企业的"干中学"效应催生下，国际贸易会对人工智能的技术创新产生倒逼作用，形成良性内循环。人工智能技术变革能够从降低企业出口营销成本、降低企业出口物流成本、降低出口仓储成本等多维度来大幅度地降低企业的出口固定成本，吸引更多的企业选择出口，国际贸易规模得以扩大机器从不会产生对闲暇和收入的诉求，且具有比人类劳动力单位生产成本更低的特征。因而，人工智能技术的变革，会导致发展中国家的劳动力成本优势丧失。随着人工智能技术的广泛应用，发达国家可以通过智能化的高效生产，来缓解劳动力短缺的压力，便可停止将劳动密集型产业的贸易和投资大规模转移到发展中国家，引导发达国家的制造业和价值链的回流，进一步强化发达国家在国际分工中的主导地位，使发展中国家丧失实施出口导向型工业化发展战略的机会，减少在国际贸易中的份额。因此，应根据我国的国情，合理制定人工智能技术产业发展政策，有效推动我国在对外贸易中能够更好地获利。将人工智能技术应用于具有明显贸易逆差的部门，以改善我国的贸易条件，提高福利水平；规避将人工智能技术应用于具有比较优势的劳动密集型制造业、劳动密集型和资本密集型服务业，以免恶化我国的贸易条件，降低社会福利水平。

（二）供给动力结构再造

1. 优化要素禀赋结构

推动新一代人工智能发展，优化要素禀赋结构，以要素供给质量的提高实现经济高质量发展。通过促进创新、培育高端生产要素，改进生产质量，不仅可以依托移动设备、互联网等信息环境，来拓展人的学习能力，加速人力资本的积累，更能够创造出符合劳动力比较优势特征的新任务。作为机器设备投资人工智能，可以产生技术进步效应，使知识创新成为投资的副产品，随着人工智能技术的应用与普及，不仅能够直接促进技术进步，还可以带来多领域创新与技术进步的突破性进展，引发企业创新行为的变革。

人工智能带来的技术进步速度能够超越各种非物质的创新活动，通过智能化的自主学习，以放大人工智能投资的"干中学"效应。就资本的角度而言，人工智能投资产生的资产，和传统的资产不同，它不仅不会折旧，甚至由于人工智能资产具有深度学习能力还会使资产增值。

人工智能会提升生产活动的自动化程度，自动化所具有的替代效应能够降低对劳动力的需求，使用更便宜的资本来替代劳动，不仅提升了生产率，还会提高尚未自动化任务中对劳动力的需求。人工智能对劳动力替代的同时，也意味着我们会接受更多的教育，教育能够带来劳动生产率的提升。人工智能的发展会使自动化的成本下降，引致机器对人类劳动的替代，从而减少就业机会，但同时技术进步能够让企业实现利润最大化，通过资本化效应创造更多的就业机会，人工智能的深度学习能力，不但补充了人类劳动，还具有以全新的方式替代人类劳动的潜质，缩减生产过程中的简单劳动力，间接地增加人力资本的需求，对劳动力素质和质量的要求大大提升。

2. 优化制度安排

为确保人工智能切实推动经济高质量发展，需进一步优化制度安排，提高经济效率。完善技术作为入股制度，以剩余所有权激励技术研发市场化，保证资本收入能被合理分配，让更多的人能够分享到人工智能技术变革带来的成果，激发人工智能技术的产业化与商业化，助推人工智能与实体经济的深度融合；政府应在人工智能技术创新的财政补贴上加大力度，完善人工智能创新监督机制，给予补贴的形式，将研发创新的外部性内部化，优化人工智能产权交易制度，充分释放人工智能技术的外溢效应；改革传统的税收制度，对机器人征税，控制征收机器人税的扭曲效应，直至经济实现充分自动化为止，保持税收在工人劳动力和机器人之间的中立性，缩小收入分配差距，给予劳动者时间去适应其他职业。通过转移支付，将征收到的"机器人税"补贴给劳动者，将其作为劳动者的技能培训、接受再教育等的发展资金，提高人工智能与劳动力的匹配度，在人工智能和自动化不断普及的同时促进就业。

3.赋能人工智能技术创新

人工智能是一项颠覆性很强又兼具通用目的的技术，不仅能够为其他行业赋能，更能够深远地影响资源禀赋、全球供应链和价值链、创新等领域。人工智能与经济生产的深度融合，在社会各领域都产生了变革性的影响，正改变着人们的思维方式、生产方式、生活方式及劳动过程，从而引发新一轮的技术进步浪潮，对经济社会发展产生了翻天覆地的变化。因此，应加强对人工智能及配套技术的基础理论研究，加大诸如脑科学、量子科学等技术的研发投入，推动人工智能的理论创新。

基于"深度学习十大数据"，人工智能可以在海量而杂乱无章的数据中挖掘相互间的关联性；在既有范式的增量式创新或对已有知识的重组模式下，人工智能能够进行技术创新；人工智能与产业融合可重塑技术创新过程和研发组织状态，从而推动综合利用大数据集成与增强预测算法的研究。随着人工智能技术的不断发展，导致劳动极化现象产生，通过增加高技能劳动力，能够促进技能积累、技术吸收扩散和待机传递等中间机制，进而促进技术创新。将人工智能的数据分析优势与人类的想象力完美地结合，不仅可以使人工智能系统与人类科学家一起合作创新，还可以使人工智能系统与人类工程师一起协作进行生产。

在应对人工智能与实体经济融合的进程中，所带来的技术与组织的变革，企业往往会通过对员工进行人工智能相关技能培训，来帮助员工更好地融入人工智能时代。同时，人工智能技术可为员工提供更加个性化的定制培训，来提升企业人力资本的积累，从而实现产业技术创新能力的不断提升。

作为一种"类人思维"的通用技术，人工智能技术的发展，不仅属于某一个专业领域的新技术，还能对所有发展成果进行整合与升级，引领技术进步的方向。人工智能技术的创新，可以促进下游部门研发投入生产率的提高，从而有助于下游部门在整个经济中的传播。积极鼓励人工智能技术创新，全面提高自主创新能力，形成高质量发展的内生动力，从而推动中国经济高质量发展。

第二节　人工智能与电子信息技术的发展路径和空间

一、电子信息技术与人工智能技术关系探析

电子信息技术是一种基于电器的广泛应用发展起来的信息传输、处理与储存技术，从早期的电报、电话到现在的计算机、5G技术，都是电子信息发展的应用典范。进入"大数据"时代，人类对信息的依赖性越来越大，不断需要电子信

息技术的突破，需要更先进的电子设备、信息算法来处理爆炸性增长的信息源。现在中国提出的"区块链"战略其实也是电子信息技术发展的新方向，区块链简单的说就是一种分布式账本技术，实现多方共同维护，大家凭借共识一起写入数据，没有谁可以单独控制数据，并且不允许数据的删除和修改。

"人工智能"是最近几年研究与报道的热词，也是人类社会发展的美好期许，它是一个比较宽泛的概念，有传统意义上的智能机器人、智能驾驶，有目前广泛应用的智能手机、人脸识别、语音识别，再到比较抽象的机器学习、深度学习，人工智能技术一直在将人类的想象变为现实。简而言之，人工智能技术就是一种算法，用一套套计算机编程模拟生物的思考方式，人工智能的底层逻辑是有限元理论、数值优化等数学算法，输出方式是一个个显示屏、麦克风或机器人，它赋予机器智能与思考的能力，可以处理信息、分析信息、输出结果，并且简化了这一过程，释放了人类的精力与时间。

因此，电子信息技术与人工智能技术本就有一些研究上的重叠，但侧重点不同，增加两个行业人员间的沟通交流，探索两种技术结合领域与方向，可以为生活提供更多的便捷。

二、电子信息技术与人工智能技术结合的优势

（一）拓展信息获取渠道

电子信息技术一个重要的方向就是信息的收集与存储，传统的信息收集方式只是文字、图片、视频或音频信息的简单录入，而现在人类社会每天会产生海量信息，种类也在激增，即将大规模普及应用的 5G 技术，就是针对人们对信息的获取量和获取速度的要求不断增加而产生的。新的时代对收集、存储和传输信息的电子元器件的性能提出了极高的要求。将人工智能技术发展的优秀成果应用到信息收集领域可以大幅度降低数据存储所需要的空间，像目前比较成熟的生物识别技术，直接将识别结果上传而不是原始的图像或视频，这样在数据的收集源就对信息进行识别处理，依据人工智能提取关键的目标信息，减小了硬件设备的运行压力。

（二）优化信息处理方式

人工智能本质上是一种算法、一种逻辑，以一套完整的、可以不断进步的运算方式处理信息，人工智能技术进行信息处理运算是依托计算机进行的，我国自主的研发的"神威·太湖之光"超级计算机的运行速度已经超过 10 亿亿次每秒，所以无论是从数据库的大小还是运算速度，人工智能技术都远超人类，并且目前研究火热的机器学习技术使人工智能能够自我优化升级，提升信息处理能力。在

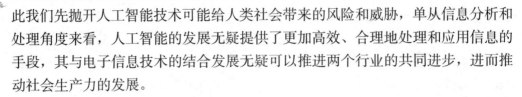

此我们先抛开人工智能技术可能给人类社会带来的风险和威胁，单从信息分析和处理角度来看，人工智能的发展无疑提供了更加高效、合理地处理和应用信息的手段，其与电子信息技术的结合发展无疑可以推进两个行业的共同进步，进而推动社会生产力的发展。

（三）节约技术应用成本

人工智能技术在生产生活中的应用越来越广泛，其背后有两个重要原因，其一就是提高了社会运行效率，加快了人们办事的速度，简化了做事的手续和程序。另一方面就是降低了资源消耗成本。从企业管理来看，超市安置的自助结账机器的购置成本和每日用电维修成本远远小于雇佣一位收银员；从人的个体角度来看，采用智能驾驶可以节约我们导航、开车所消耗的时间和精力。在工业生产方面也是如此，将电子信息技术与人工智能技术相结合，可以降低电子信息设备的生产成本，降低设备运行消耗的自然资源和社会资源。使用机器代替人工可以进一步解放人的创造性和生产力，让人去从事更需要创造力的事业，去经历丰富而难忘的人生。

三、电子信息技术与人工智能技术结合的应用方向

（一）升级原有的产业产品和结构

2017 年我国规模以上电子信息产业整体规模达 18.5 万亿元，是一个规模大、范围广的关乎国计民生的重要产业，人工智能技术的发展可以为电子信息产业的发展提供新的增长点和动力源，丰富其产业结构。此外，两种新技术的结合还可以升级其原有的产品，比如华为公司近期就加大对 AI 芯片的研发力度，近期发布了其全栈全场景 AI 解决方案，涵盖了从终端到云端，从 AI 芯片到深度学习训练部署框架的多层解决方案，实现了产品升级发展。

（二）创造新的产品和理念

电子信息技术与人工智能技术结合可以为社会提供很多简便、实用的概念和产品。现在的便携智能设备如智能手机、智能手环等已经比较普及，智能眼镜也引起了很多科技公司的重视，将电子信息技术与人工智能技术结合能够通过语音或者动作对眼镜中的景象进行处理和分析，透过屏幕实现信息的上传和调取。

电子信息技术和人工智能技术作为近年来发展起来的新兴技术，包含了数学、物理、社会学等多个领域的专业知识，拥有着无数研究的方向，单是这两种技术就已经给我们人类社会带来太多的惊喜和震撼，它们的相互结合更是充满了无数想象与应用前景。

参考文献

[1] 前瞻产业研究院 .2017 年中国人工智能产业专题研究报告 [EB/OL]. （2017-11-07）[2020-05-05].

[2] 曹静，周亚林，人工智能对经济的影响研究进展 [J]. 经济学动态，2018（1）：103-107.

[3] 任保平，文丰安 . 新时代中国高质量发展的判断标准、决定因素与实现途径 [J]. 改革，2018（4）：7-9.

[4] 蒲晓晔，[奥）JARKO FIDRMUC. 中国经济高质量发展的动力结构优化机理研究 [J]. 西北大学学报（哲学社会科学版），2018（1）：113-115.

[5] 郭朝先，王嘉琪，刘浩荣 ."新基建" 赋能中国经济高质量发展的路径研究 [J]. 北京工业大学学报（社会科学版），2020（6）：31-39.

[6] 林晨，陈小亮，陈伟泽，等，人工智能、经济增长与居民消费改善：资本优化的视角 [J]. 中国工业经济，2020（2）：61-79.

[7] 田云华，周燕萍，邹浩，等，人工智能技术变革对国际贸易的影响 [J]. 国际贸易，2020（2）：24-31.

[8]GOOD I J.Speculations concerning the first ultraintelligent machine[J].Advances in Computers.Elsevier，1966（6）：31-88.

[9] 王定祥，黄莉 . 我国创新驱动经济发展的机制构建与制度优化 [J]. 改革，2019（5）：80-91.

[10] 高培勇，袁富华，胡怀国，等 . 高质量发展的动力、机制与治理 [J]. 经济研究，2020（4）：5-19

[11] 江小涓，孟丽君 . 内循环为主、外循环赋能与更高水平双循环——国际经验与中国实践 [J]. 管理世界，2021（1）：4-9.

[12]ARROW K J.The economic implications of learning by doing[J].Review of Economie Study，1962，29（3）；155-173.

[13] 睢党臣，刘星辰，人工智能居家养老的实用性问题探析 [J]. 西安财经大学学报，2020（3）：27-36.

[14] 任保平，宋文月，新一代人工智能和实体经济深度融合促进高质量发展的效

应与路径 [J]. 西北大学学报（哲学社会科学版），2019（5）：6-13.

[15] 陈彦斌，林晨，陈小亮，人工智能、老龄化与经济增长 [J]. 经济研究，2019（7）：47-63

[16] 师博，人工智能助推经济高质量发展的机理诠释 [1]. 改革，2020（1）：30-38.

[17] 〔美〕特伦斯·谢诺夫斯基．深度学习 [M]. 姜悦兵，译，北京：中信出版集团，2019：39.

[18] 刘庆振，王凌峰，张晨霞．智能红利：即将到来的后工作时代 [M]. 北京：电子工业出版社，2017.

[19] 黄欣荣．大数据、人工智能与共产主义 [J]. 贵州省党校学报，2017（5）：115.

[20] 库兹韦尔．奇点临近 [M]. 李庆诚，董振华，田源，译，北京：机械工业出版社，2019：

[21] 克劳斯·施瓦布．第四次工业革命 [M]. 李菁，译，北京：中信出版社，2016.

[22] 卢晓．百度无人车乌镇落地国内首次开放城市道路运营 [EB/OL]. （2016-11-16）[2022-10-13].

[23] 马克思，恩格斯·马克思恩格斯文集（第 2 卷）[M]. 中共中央马克思恩格斯列宁斯大林著作编译局，译北京：人民出版社，2009.

[24] 郭台铭．最多 10 年，富士康将用机器人取代 80% 人力 [EB/OL]. （2018-06-22）[2022-10-13].

[25] 曹卫国．手机数量已超世界总人口 扩张速度仍快于人口增长 [EB/OL]. （2019-05-11）[2022-10-13].

[26] 赵磊．全球突发公共卫生事件与国际合作 [J]. 中共中央党校（国家行政学院）学报，2020，24（3）：15.

[27] 刘红玉．西方数字帝国主义的形成及垄断新样态 [J]. 文化软实力，2020（1）：34.

[28] 小朱侦探．比芯片垄断更可悲，超过 99 ％ 的中国市场，被 2 家美国公司瓜分 [EB/OL]. （2021-12-31）[2022-10-13].

[29] 高奇琦，人工智能：驯服赛维坦 [M]. 上海：上海交通大学出版社，2018：279.

[30] 江晓原．人工智能：威胁人类文明的科技之火 [J]. 探索与争鸣，2017（10）：18.

[31] 张晨．俄总统新闻秘书佩斯科夫：俄军在乌克兰蒙受重大损失将是场巨大悲剧 [EB/OL]. （2022-04-08）[2022-10-13].

[32] 支振锋．消除互联网发展的数字鸿沟 [N]. 人民日报，2016-04-25（5）.